计算机类技能型理实一体化新形态系列

# 大学信息技术项目教程

（微课+活页版）（第2版）

主　编　莫新平　吕学芳
　　　　姜言波
副主编　姚晓艳　孙雯雯
　　　　郭　超　郭春锋
　　　　仇利克

清华大学出版社
北京

## 内 容 简 介

本书吸收了目前新一代信息技术发展的最新成果,较为全面地介绍了信息技术的相关知识及办公自动化软件的高级操作等内容。全书包括计算机系统探秘、信息检索、文档处理、电子表格制作、演示文稿设计、多媒体技术应用、新一代信息技术应用7个教学项目。每个项目包括2~4个教学任务及巩固提升任务、技能自测任务。附录部分提供了全国计算机等级考试二级Office高级应用与设计考试大纲(2023年版)、全国计算机等级考试二级WPS Office高级应用与设计考试大纲(2023年版),并按照高职高专院校的专业类别提供了相应的Office实训包,将信息技术公共基础课和专业内容紧密联系,为学生专业课程学习提供信息化支撑。

本书配套了丰富的立体化网络资源,包括学习成果达成与测评表、学习成果实施报告、思维导图、课件、微课视频、虚拟仿真素材包等,部分网络资源可登录清华大学出版社网站下载使用,也可访问学银在线与本书配套的"信息技术"课程,课程资源实时更新,欢迎读者参与该课程的慕课学习和互动。

本书可作为高职高专和职教本科的信息技术课程教材和参考资料,也可作为应用本科、继续教育和社区居民信息素养提升的辅助教材。

本书封面贴有清华大学出版社防伪标签,无标签者不得销售。
版权所有,侵权必究。举报:010-62782989,beiqinquan@tup.tsinghua.edu.cn。

**图书在版编目(CIP)数据**

大学信息技术项目教程:微课+活页版 / 莫新平,吕学芳,姜言波主编. -- 2版. -- 北京:清华大学出版社,2024.8(2025.2重印). -- (计算机类技能型理实一体化新形态系列). -- ISBN 978-7-302-66950-0

Ⅰ. TP3

中国国家版本馆CIP数据核字第2024G22X16号

责任编辑:张龙卿
封面设计:刘代书 陈昊靓
责任校对:袁 芳
责任印制:宋 林

出版发行:清华大学出版社
网 址:https://www.tup.com.cn,https://www.wqxuetang.com
地 址:北京清华大学学研大厦A座 邮 编:100084
社 总 机:010-83470000 邮 购:010-62786544
投稿与读者服务:010-62776969,c-service@tup.tsinghua.edu.cn
质量反馈:010-62772015,zhiliang@tup.tsinghua.edu.cn
课件下载:https://www.tup.com.cn,010-83470410
印 装 者:小森印刷霸州有限公司
经 销:全国新华书店
开 本:185mm×260mm 印 张:15 字 数:343千字
版 次:2020年8月第1版 2024年8月第2版 印 次:2025年2月第2次印刷
定 价:49.80元

产品编号:102251-01

# 第 2 版前言

党的二十大报告提出了"推进教育数字化,建设全民终身学习的学习型社会、学习型大国"。教育数字化的目标是以培养学习者高阶思维能力、综合创新能力和终身学习能力为指向,将数字素养与技能培养摆在突出位置。高等职业教育设立信息技术课程,旨在提升高职学生的信息素养,增强学生在信息社会的适应力与创造力。

为全面贯彻党的教育方针,落实立德树人根本任务,满足国家信息化、数字化、智能化发展战略对人才培养的要求,本书围绕高职各专业对信息技术核心素养的培养需求,将知识学习、技能训练与职业能力培养相结合,吸纳信息技术领域的前沿技术,通过理实一体化教学,以"面向应用、培养创新"为目标,培养学生运用数字化工具解决问题的综合能力和数字化生活能力,为其职业发展、终身学习和服务社会奠定基础。

《大学信息技术项目教程(微课+活页版)》是"十四五"职业教育国家规划教材,第 2 版在第 1 版的基础上进行了更新和完善,对接技术应用要求,将 Office 软件升级到 2021 年版。另外,本书根据国家课程标准增加了信息检索项目,将原来的项目 1 和项目 7 整合为新的项目 7,重点讲解新一代信息技术。全书根据党的二十大要求和社会热点问题对长文档编辑、短视频制作等案例进行了重点讲解。本书具有以下特点。

(1) 采用以学习成果为导向、以学习者为中心的开发理念。本书以学生发展、学生学习、学习效果为中心,采用逆向思维开发模式,以社会数字化需求反推教材内容,梳理职业技能和典型工作任务。本书围绕新一代信息技术和办公应用等信息技术知识,从职场情景或生活问题出发,设计了 7 个项目,23 个情景任务。任务实施将 PC 端和移动端相结合,突出信息技术的便捷性和实用性。本书注重实践性和创新性,内容来源于生活和工作岗位需求,任务情景化及进阶式设计不仅能够激发学生的学习兴趣,还能够引导学生进行深度学习。

(2) 德技并修,课程思政特色鲜明。本书秉承"立德树人"的宗旨,将立德树人和职业操守融入教材中,从工匠精神、科学精神、家国情怀、国际视野、法治意识、正直诚信、严谨负责等方面入手,体现了思政教育和职业精神培养的高度融合。本书将新一代信息技术科研动态引入课堂,比如人工智能、绿色低碳、重大科技成果等,增强大学生对我国科技发展的自信心。"我和我的祖国征文设计"等任务紧扣社会主义主旋律,引导大学生树立正确的价值观,加强爱国主义教育。"'一带一路'倡议宣传短视频制作"等任务体现了我国职业教育的国际化视野。

(3) 对标国家标准,凸显高职教育特色。本书贯彻落实高职高专信息技术课程标准(2021年版),围绕各专业人才培养目标对数字化素养的需求来提升学生的数字化素养和数字化技能。本书依据高职高专学生的学习特点,采用项目导向、任务驱动方式进行内容编排。每个项目总框架按"项目导入"→"项目实施"→"总结测评"→"拓展创新"4个环节组织,实现由兴趣引导到技能夯实,再到综合应用能力培养,最后到创新应用能力培育的递进提升。

(4) 岗课赛证融通,注重一体化教学设计。本书的内容注重岗课赛证融通,并以"岗课赛证融通"原则为指导,实现"岗课赛证"综合育人及一体化设计的良性融通机制,按照职业发展规律设计课程,立足职业岗位办公通识技能要求,融入"WPS办公应用"职业技能等级考核要点,对接全国大学生计算机应用能力与信息素养大赛竞赛内容,助力高素质技能人才的培养。本书通过计算机科技文化节活动,鼓励全体学生参与,做到"岗课赛证"四位一体。

本书由莫新平、吕学芳、姜言波担任主编,姚晓艳、孙雯雯、郭超、郭春锋、仇利克担任副主编。曲扬、杜长河、刘晓飞、李兴、孙晓凤、罗皓、杨祯明、任岚、谢粤芳、陈宝杰、薛峰、刘志豪、钟文硕、付明冲、邵士媛等参加了编写和资源建设工作。全书由莫新平主持编写并统稿。特别感谢慧科未来(山东)数字科技有限公司、青岛高校信息产业股份有限公司和海峰新锐(青岛)科技有限公司等合作企业提供的教学案例,他们还设计制作了虚拟仿真资源,在此,对参与编写的各位成员和合作企业表示衷心的感谢!

尽管编者在写作过程中力求准确、完善,但书中不妥或疏漏之处仍在所难免,恳请广大读者不吝赐教,以便再版时修订和完善。

编　者<br>2024年4月

# 目 录

**项目1 计算机系统探秘** ·········· 1
    任务1.1 如何选配计算机 ·········· 1
    任务1.2 软件系统安装及配置 ·········· 8

**项目2 信息检索** ·········· 22
    任务2.1 学习中的信息检索 ·········· 23
    任务2.2 职场中的信息检索 ·········· 30
    任务2.3 生活中的信息检索 ·········· 35

**项目3 文档处理** ·········· 47
    任务3.1 设计主题征文启事 ·········· 47
    任务3.2 设计求职简历模板 ·········· 58
    任务3.3 长文档排版 ·········· 63
    任务3.4 设计邀请函 ·········· 74

**项目4 电子表格制作** ·········· 86
    任务4.1 设计员工信息表 ·········· 86
    任务4.2 设计员工工资表 ·········· 100
    任务4.3 新能源汽车销量数据处理 ·········· 114
    任务4.4 新能源汽车销量可视化分析 ·········· 123

**项目5 演示文稿设计** ·········· 140
    任务5.1 设计主题班会PPT母版 ·········· 141
    任务5.2 编辑主题班会PPT内容 ·········· 146
    任务5.3 设计主题班会PPT动画和交互 ·········· 155

**项目6 多媒体技术应用** ·········· 165
    任务6.1 利器在手,转换不愁 ·········· 165
    任务6.2 照片海报设计 ·········· 171
    任务6.3 短视频设计制作 ·········· 178

## 项目7　新一代信息技术应用 ……………………………………………… 192

### 任务7.1　人工智能技术助力虚拟数字人应用 …………………………… 192
### 任务7.2　云计算实现数字化转型 ………………………………………… 204
### 任务7.3　物联网引领智慧家居新方式 …………………………………… 212
### 任务7.4　大数据技术助力问卷调查分析 ………………………………… 217

## 综合创新项目 ………………………………………………………………… 228

## 综合项目学习成果实施报告 ………………………………………………… 230

## 拓展资料 ……………………………………………………………………… 231

## 参考文献 ……………………………………………………………………… 232

# 项目 1　计算机系统探秘

**项目导读**

　　计算机的内部结构和硬件制造技术极其复杂。熟悉计算机的基本特性、运作原理和软件系统,能够帮助我们更好地选择和维护计算机硬件,提高软件的操作技能,提升网络安全意识和技能,为后续学习奠定坚实的基础,从而更好地了解和融入数字化社会。

**职业技能目标**

- 了解计算机工作的基本原理。
- 了解微型计算机的硬件系统和软件系统。
- 熟悉微型计算机的软硬件系统配置。
- 能够对 Windows 10 进行个性化设置。
- 掌握 Windows 10 环境下文件和文件夹的操作。
- 具有良好的自主学习能力,积极参与社会实践,能够灵活解决实际问题。

**素养目标**

- 培养学生的科技强国及科技向善意识。
- 培养学生的科学探索精神。
- 培养学生的信息安全意识。
- 培养学生的法制观念。

**项目实施**

　　本项目包括选配计算机及 Windows 10 系统安装与设置这两个任务。通过学习计算机系统基础知识,使学生对计算机硬件系统和软件系统有深入的了解,掌握 Windows 10 系统的基本操作,为之后办公软件和多媒体软件的学习奠定基础。

## 任务 1.1　如何选配计算机

**学习目标**

　　知识目标:了解计算机的基本结构,熟悉微型计算机的硬件系统,掌握计算机的基本配置。
　　能力目标:能够描述计算机工作的基本结构,能够根据需求选配合适的计算机。
　　素养目标:激发学生学习计算机知识技能的兴趣和潜能,培养学生的科学态度,让学生在自主解决问题的过程中培养成就感,激发学生的探索精神。

### 建议学时

2学时

### 任务要求

子曰:"工欲善其事,必先利其器。"根据自身的专业需求及预算,配置一台性价比高的计算机非常重要,既可以满足学业需求,提升专业技能,又能丰富大学生活。小王是一名软件技术专业新生,他计划配置一台5000元左右的笔记本电脑,主要用于平时的学习。请你帮他了解计算机软硬件基础知识,分析最新的计算机软硬件配置情况,设计一套合适的配机方案。

视频:任务1.1 如何选配计算机

### 任务分析

对于多数学生来说,购买计算机更注重实用性和性价比。很多专业对计算机配置要求不高,一般用于制作PPT,撰写论文,查找资料等;电子信息等相关专业对计算机配置要求略高。可以访问计算机资讯相关网站,如太平洋计算机网、装机之家、中关村在线等,查阅相关资料,了解计算机硬件基础知识,掌握最新的计算机装配信息,并设计出一套合适的计算机配置方案。

### 电子活页目录

计算机硬件基础知识电子活页目录如下:
(1) 计算机的应用领域
(2) 计算机的发展趋势
(3) 计算机的工作原理
(4) 计算机的内部数据的表示
(5) 二进制的运算规则

电子活页:计算机硬件基础知识

### 任务实施

计算机系统包括硬件系统和软件系统两部分。本任务主要了解硬件系统部分。

**步骤1** 了解计算机硬件系统

计算机硬件指计算机系统中由电子、机械和各种光电部件等组成的看得见、摸得着的计算机部件和计算机设备。计算机硬件系统包括主机和外部设备。

主机是计算机硬件系统的主要部分,包括中央处理器和内存。其中,中央处理器主要包括运算器和控制器两部分,内存包括ROM(只读存储器)和RAM(随机存取存储器)两部分。

外部设备是计算机系统中的重要组成部分,起到信息传输、转入和存储的作用。外部设备是计算机系统中输入设备、输出设备和外存储器的统称,对数据和信息起着传输、传送和存储的作用,是计算机系统中的重要组成部分。

根据冯·诺依曼的设计,计算机硬件系统由五部分组成:运算器、控制器、存储器、输入设备和输出设备。虽然计算机的性能、功能、体积、功耗等发生了巨大变化,但是计算机的五部分并没有变化。图1-1列出了计算机的各个部件及其连接关系。图中实线箭头表示数据流,虚线箭头表示控制流。

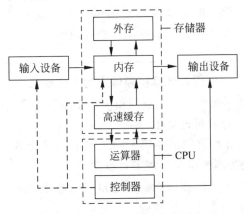

图1-1 计算机各部件连接原理

> **知识点拨**
> 
> 　　约翰·冯·诺依曼是美籍匈牙利数学家、计算机科学家、物理学家,是20世纪最重要的数学家之一,被后人称为"现代计算机之父"。冯·诺伊曼对世界上第一台电子计算机ENIAC的设计提出过建议,1945年3月他在共同讨论的基础上起草了一个全新的"存储程序通用电子计算机方案"(EDVAC)。这对后来计算机的设计具有决定性的影响,特别是他带头确定的计算机结构采用存储程序以及二进制编码等,至今仍是电子计算机设计的原则。

(1) 运算器。运算器是计算机处理数据和形成信息的加工厂,主要用于完成算术运算和逻辑运算。它是由算术逻辑单元、寄存器及一些控制门组成。算术运算部件完成加、减、乘、除四则运算(定点运算或浮点运算),逻辑运算部件完成与、或、非、移位等运算。

(2) 控制器。控制器是计算机的神经中枢,用于控制和协调计算机的各部件自动、连续地执行各条指令。通常把控制器和运算器合称为中央处理器(CPU)。CPU是计算机的核心部件,它的工作速度和计算精度对计算机的整体性能有决定性影响。

(3) 存储器。存储器是计算机的"记忆"装置,主要用来保存数据和程序,具有存取数据和提取数据的功能。存储器分为两大类:内存和外存。内存又称为主存;外存又称为辅助存储器,简称"辅存"。

内存是CPU可直接访问的存储器,是计算机的工作存储器,当前运行的程序和数据都必须存放在内存中,它和CPU一起构成了计算机的主机部分。内存分为ROM、RAM和Cache(高速缓冲存储器,简称高速缓存),其中高速缓存是为了协调CPU同内存之间速度不匹配的矛盾而提出的,具有容量小、速度快、价格昂贵的特点。

外存是计算机的外部设备,存取速度比内存慢很多,主要用于存储大量的暂时不参加运算或处理的数据和程序。外存是主存储器的补充,不能和CPU直接交换数据,但可以间接交换数据。硬盘、软盘、光盘和 U 盘等都属于外存。

（4）输入设备。输入设备的主要作用是把准备好的数据、程序等信息转变为计算机能接收的电信号并送入计算机中，它是计算机系统与外界进行信息交流的工具。常见的输入设备有键盘、鼠标、数码相机、扫描仪和条形码阅读器等。

（5）输出设备。输出设备的主要作用是把运算结果或工作过程以直观形式表现出来。常用的输出设备有显示器、打印机、绘图仪和音箱等。

---

**多读善思**

### 中国在计算机领域上的主要成就

1958 年，中科院计算所研制成功我国第一台小型电子管通用计算机——103 机，标志着我国第一台电子计算机的诞生。

1965 年，中科院计算所研制成功第一台大型晶体管计算机——109 乙；之后推出计算机 109 丙，该机为两弹试验发挥了重要作用。

1983 年，国防科技大学研制成功运算速度达每秒上亿次的银河-I 巨型机，这是我国高速计算机研制的一个重要里程碑。

1993 年，国家智能计算机研究开发中心研制成功曙光一号全对称共享存储多处理机，这是国内首次以基于超大规模集成电路的通用微处理器芯片和标准 UNIX 操作系统设计开发的并行计算机。

2001 年，中科院计算所研制成功我国第一款通用 CPU——"龙芯"芯片。

2005 年，由中国科学研究院计算技术研究所研制的中国首个拥有自主知识产权的通用高性能 CPU "龙芯二号"正式亮相。

2016 年，中国第一台全部采用国产处理器构建的"神威·太湖之光"在当时成为全球最快的超级计算机，其系统的峰值性能、持续性能、性能功耗比等三项关键指标均为世界第一。

2022 年，国家超级计算长沙中心"天河"新一代超级计算机系统运行启动仪式。

---

**步骤 2** 计算机配置及选购的主要指标

（1）CPU。CPU 是决定计算机性能的最主要因素，是选购计算机时最需要查看的技术指标，如图 1-2 所示。

微型计算机一般采用主频来描述运算速度，主频即 CPU 在单位时间内发出的脉冲数目。通常所说的 CPU 是多少兆赫的，就是指"CPU 的主频"。主频的单位是 MHz，现在比较常见的是 GHz。早期的 CPU 运行速度不快，以 Intel 的 CPU 为例，Pentium 133 的主频为 133MHz，Pentium Ⅲ 800 的主频为 800MHz。Pentium 41.5G 的主频为 1.5GHz。当前常见的 Intel 处理器型号由一组数字和

图 1-2　CPU

字母组成，如 i5-8250U，其中 i5 代表处理器的等级，数字 8250 代表处理器的性能等级。一般主频越高，运算速度就越快。

> **知识点拨**
>
> 主频和实际的运算速度存在一定的关系,但并不是一个简单的线性关系。主频表示在CPU内数字脉冲信号振荡的速度,CPU的运算速度还要看CPU的流水线、总线等各方面的性能指标。也就是说,主频仅仅是CPU性能表现的一个方面,而不代表CPU的整体性能。

当前市场上流行的处理器品牌是Intel和AMD,不同型号和频率也不一样。如果需要处理大量数据或运行大型软件,建议选择更高端的处理器。目前,Intel CPU是计算机市场的主流,从低端到高端分别有赛扬、奔腾、酷睿2、酷睿i3、酷睿i5、酷睿i7等系列。普通专业的选择i5,设计类专业的可以选择i7或者i9。

> **多读善思**
>
> **CPU型号**
>
> 在选配计算机的时候,看着琳琅满目的CPU型号,我们却经常迷惑该如何选择,比如:CPU型号后缀的这些数字和字母代表什么?这些数字分别代表的性能如何?是不是数字越大运行速度就越快?CPU属于什么级别?是第几代产品?是否支持超频?是否内置核心显卡?比如,Intel 酷睿 i5 12600KF 和 AMD 锐龙 R5 5600X 这两款CPU,你知道这些字母代表的含义吗?

目前CPU基本上都提供多个核心,即在一个CPU内包含了两个或多个运算核心,每个核心既可独立工作,也可协同工作,使CPU性能在理论上比单核强劲数倍。

字长是CPU的主要技术指标之一,指CPU一次能并行处理的二进制位数,它直接关系到计算机的计算精度、功能和速度。在其他指标相同时,字长越大则计算机处理数据的速度就越快。早期微型计算机的字长一般是8位和16位,现在大多数计算机是64位。

(2)显卡。计算机的显卡分为集成和独立显卡两类,独立显卡的性能比集成显卡好,如图1-3所示。影响独立显卡性能的主要指标是显存,显存越大,显卡性能越好。

主流显卡一般分为NVIDIA和AMD,两者差别不大。如果从事3D建模、影音视频编辑或其他设计类工作,建议选择NVIDIA显卡;如果是一般学习使用,可以选择AMD显卡。

(3)内存。内存是CPU可以直接访问的存储器,需要执行的程序与处理的数据就存放在其中,如图1-4所示。内存容量的大小反映了计算机即时存储信息的能力。内存的性能指标主要包括存储容量和存取速度。内存容量越大,系统功能就越强大,能处理的数据量就越庞大。

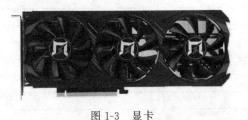

图1-3 显卡

图1-4 内存

我们可以根据工作和学习要求挑选不同大小和频率的内存,目前主流内存大小有 8GB、16GB 和 32GB 几种。按照现在的软件需求来评估,如果做三维建模,最好是 8GB 或者 16GB 的内存。

(4)外存。外存主要指硬盘(包括内置硬盘和移动硬盘)。外存容量越大,可存储的信息就越多,可安装的应用软件就越丰富。

硬盘是计算机存储数据的地方,包括机械硬盘和固态硬盘两种,如图 1-5 所示。硬盘容量越大,存储的数据量越大,对计算机的运行速度也有一定的提升。目前主流硬盘的大小可以分为 320GB、500GB 和 1TB,一般建议买 500GB 以上的,因为速度会比较快,而且内存足够就不会出现无法保存或下载文件的现象。

(5)显示器。目前市面上流行的显示器以液晶显示器居多,选择显示器需要考虑多个因素,包括屏幕尺寸、分辨率、刷新率、颜色准确性、反应时间、视角、省电性能、连接

图 1-5　机械硬盘和固态硬盘

接口等,可以根据自己的需求和预算进行权衡和选择。挑选显示器还要注意屏幕上有没有坏点,另外,选择多大的尺寸,是选平面的还是曲面的,根据个人喜好决定就可以。

**步骤 3　购买前填写计算机配置表**

上网浏览专业的网站,根据自己的现实情况和实际需求完成计算机配置表。计算机配置表模板如表 1-1 所示。

表 1-1　计算机配置表

| 品　名 | 规格型号 | 参　数 | 数　量 | 单　价 | 小　计 |
|---|---|---|---|---|---|
| CPU | | | | | |
| 主板 | | | | | |
| 内存 | | | | | |
| 硬盘 | | | | | |
| 固态硬盘 | | | | | |
| 显卡 | | | | | |
| 机箱 | | | | | |
| 电源 | | | | | |
| 散热器 | | | | | |
| 显示器 | | | | | |
| 鼠标 | | | | | |
| 键盘 | | | | | |
| 音响 | | | | | |
| 打印机 | | | | | |
| 其他配件 | | | | | |
| 合计 | | | | | |

巩固提升

下面讲解拆装主机的方法。

**1. 任务要求**

信息技术中心招募学生志愿者进行机房计算机基本维护,对计算机硬件和网络维护感兴趣的同学可以积极参与社会实践,请在信息技术中心老师指导下进行计算机基本维护。

**2. 任务实施**

(1) 主机常用部件的安装。在实际的装机过程中,以方便快捷为原则。以下介绍较常见的装机步骤:①设置主板上必要的跳线;②安装CPU(含安装CPU风扇)、内存条;③连接机箱面板与主板的信号线,并将主板固定在机箱里;④安装硬盘、机箱电源、显卡、声卡和网卡;⑤连接主机箱内各类线缆。

(2) 拆卸计算机主机。拆卸计算机主机的基本顺序与安装顺序是相反的,步骤如下:先拔掉主机电源线,打开主机箱;再拆卸电源、各类线缆;最后拆卸主板、内存条、CPU散热风扇和CPU。

虚拟仿真资源:计算机主机组装与拆卸　　　虚拟仿真资源:计算机发展史数字展厅

---多读善思---

### 计算机发展史

计算机发展至今,经历了四代,具体见表1-2。

表1-2 计算机发展的四个时代

| 项目 | 阶段 | | | |
| --- | --- | --- | --- | --- |
| | 第 一 代 | 第 二 代 | 第 三 代 | 第 四 代 |
| 年份 | 1946—1957年 | 1958—1964年 | 1965—1970年 | 1971年至今 |
| 电子元器件 | 电子管 | 晶体管 | 中小规模集成电路 | 大规模、超大规模集成电路 |
| 存储器 | 内存为磁芯;外存为纸带、卡片磁带、磁鼓 | 内存为晶体管双稳态电路;外存开始使用磁盘 | 内存为性能更好的半导体存储器;外存仍为磁盘 | 内存广泛采用半导体集成电路;外存除了大容量的软盘外,还引入了光盘、U盘、移动硬盘等 |
| 运算速度 | 每秒几千次 | 每秒几十万次 | 每秒几十万到几百万次 | 每秒几千万甚至上百亿次 |
| 软件 | 尚未使用系统软件,程序设计语言为机器语言和汇编语言 | 开始使用操作系统的概念,程序设计语言出现了FORTRAN、COBOL、ALGOL60等高级语言 | 操作系统形成并普及,高级语言种类繁多 | 操作系统不断完善发展,数据库进一步发展,软件行业已成为一种新兴的现代化工业,各种应用软件层出不穷 |
| 用途 | 科学计算 | 科学计算、数据处理 | 科学计算、数据处理、工业控制 | 应用遍及社会生活中的各个领域 |

> **多彩课堂**
>
> **走近超级计算机**
>
> 党的二十大报告中指出：我国基础研究和原始创新不断加强，一些关键核心技术实现突破，战略性新兴产业发展壮大，超级计算机、量子信息、新能源等各个领域技术取得重大成果，进入创新型国家行列。请查阅相关资料，了解我国超级计算机的发展背景、组成结构、应用及起算排名等相关信息。

# 任务1.2　软件系统安装及配置

## 学习目标

知识目标：了解软件系统基础知识，了解 Windows 10 操作系统安装步骤和配置，掌握操作窗口、对话框和设置汉字输入法的方法，掌握 Windows 10 文件和文件夹的管理。

能力目标：能够安装 Windows 10 操作系统，并对操作系统进行个性化设置。

素养目标：激发学生学习计算机知识技能的兴趣和潜能，使学生具备运用信息技术解决实际问题的综合实践能力和自主学习能力。

## 建议学时

2学时

## 任务要求

计算机购买以后需要安装必要的软件系统，个性化设置计算机操作系统和常用应用软件。

## 任务分析

计算机购买后必须安装软件系统才能正常使用。计算机正常使用首先要了解计算机软件系统的组成，操作系统的基础知识，Windows 10 操作系统的安装与个性化设置，然后进行必备软件安装，查看计算机配置和基本信息等操作。

## 电子活页目录

计算机软件基础知识电子活页目录如下：

（1）计算机软件系统

（2）常用操作系统

（3）Windows 10 的基本操作

（4）Windows 10 操作系统安全策略

（5）IP 地址

（6）信息安全

电子活页：计算机软件基础知识

**任务实施**

**步骤 1** 计算机软件系统

计算机软件系统包括系统软件和应用软件。系统软件负责管理计算机系统中各种独立的硬件,使得它们可以协调工作。系统软件主要包括操作系统、语言处理程序、系统支撑和服务软件和数据库管理系统等。常用的系统软件有 Windows、macOS、Chrome OS 和 Linux 等。

视频:任务 1.2 软件系统安装及配置

智能手机操作系统是一种运算能力及功能比传统功能手机更强的操作系统。主流的智能手机操作系统有 Google 的 Android、苹果公司的 iOS、华为公司的 Harmony OS 和黑莓公司的 BlackBerry OS 等。

应用软件是指计算机用户利用计算机的软、硬件资源为某一专门应用目的而开发的软件。如科学计算、工程设计、数据处理、事务管理等方面的程序。例如,我们常用的办公类软件 Microsoft Office、WPS Office,图形处理软件 Photoshop,三维设计软件 3ds Max,以及 WeChat、QQ 等即时通信工具等。

**步骤 2** 安装 Windows 10 操作系统

Windows 操作系统的安装目前主要有 Ghost 版和 Windows 原版全新纯净安装等方式,当然也包括品牌机已预装好的系统需要用户激活这种操作方式。对于普通用户来说,Ghost 版安装方式最为流行,我们以这种安装方式为例说明一下安装步骤。

(1) 准备好系统安装盘。

(2) 设置好计算机的启动顺序,从系统安装盘启动计算机。

(3) 启动安装程序,根据具体情况选择安装选项,如图 1-6 所示。

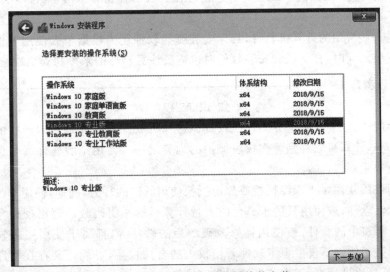

图 1-6 Windows 10 操作系统的安装

**步骤 3** 安装计算机必备的应用软件

在组装计算机时,根据不同的使用需求和个人喜好,选择的软件也会有所不同。以下是一些组装计算机后可能需要安装的基本软件。

（1）杀毒软件。杀毒软件的主要作用是能及时发现对计算机有威胁的病毒及信息，并迅速地处理杀灭掉，保护计算机安全。我们常见的××安全防护、××管家、××毒霸等都属于杀毒软件的范畴。

Windows Defender 是 Windows 10 系统自带的杀毒软件，不需要去下载任何 App。设置路径为"开始菜单"→"设置"→"更新与安全"→"Windows 安全中心"。

> **知识点拨**
>
> 数字时代，网络安全已经成了全球用户不断增长的热点话题。网络安全包括多方面，其中之一就是防止计算机系统被恶意软件感染。这类恶意软件如病毒、木马、恶意网址等迫害了无数用户。因此，为了保护自己和计算机系统的安全，在使用互联网时，选用一款优秀的杀毒软件是必不可少的，它能够检测和清除各种恶意软件，例如病毒、蠕虫、脚本病毒、间谍软件、广告软件、木马、网络钓鱼等；它能够有效地保护个人计算机和网络免受恶意软件的侵袭，同时提高计算机系统的性能。

（2）浏览器：常用的网络浏览器有 Google Chrome、Firefox、Microsoft Edge 等，用于浏览网页和进行在线操作。

（3）办公软件：常用的办公软件有 Microsoft Office、WPS Office 等，用于编辑文档、制作表格、制作演示文稿等。

（4）压缩软件：常用的压缩软件有 WinRAR、WinZip、7-Zip 等，用于打包和解压缩文件。

（5）多媒体软件：常用的图片处理软件有 Adobe Photoshop、美图秀秀等，用于编辑和处理图片。暴风影音、Pot Player 等多媒体播放器用于播放视频和音频文件。

（6）下载工具：常用的下载工具有迅雷、Internet Download Manager 等，用于加速下载和管理下载任务。

以上是一些常用的计算机软件，具体安装哪些软件还需根据个人使用习惯和需求进行选择和安装。同时，在下载和安装软件时也需要注意软件的来源和安全性。

> **多读善思**
>
> ### 知识产权
>
> 每年的 4 月 26 日是世界知识产权日。计算机软件著作权是知识产权的一个重要组成部分，计算机软件是著作权法保护的内容之一。使用正版软件就是保护软件著作权及尊重知识产权。
>
> 使用盗版软件属于未经授权或超出授权使用软件的行为，例如，使用非法获得的注册码激活软件，或使用只适于一台或少量计算机的注册码激活超出授权允许范围的多台计算机中的软件，或使用被修改破解后的软件等，都属于使用盗版软件的行为。使用盗版软件不仅侵害了软件著作权人的合法权益，可能还会存在程序运行不稳定、计算机感染病毒、工作信息被泄露等风险。
>
> 让我们一起树立尊重版权及保护知识产权的意识，共同营造鼓励知识创新及保护知识产权的社会环境！

**步骤 4** 查看计算机配置及系统的基本信息

（1）右击桌面图标中的"计算机"图标，在快捷菜单中选择"属性"命令。

（2）查看计算机基本信息，如图 1-7 所示。可以查看计算机名称、操作系统版本，以及 CPU 和内存情况。

图 1-7　查看计算机信息

**步骤 5**　设置计算机的系统日期和时间

右击任务栏右下角的时间栏，选择"调整日期/时间"，调出日期和时间设置界面，先把"自动设置时间"功能关闭，然后单击"更改日期和时间"下面的"更改"按钮，可以更改日期和时间，如图 1-8 所示。

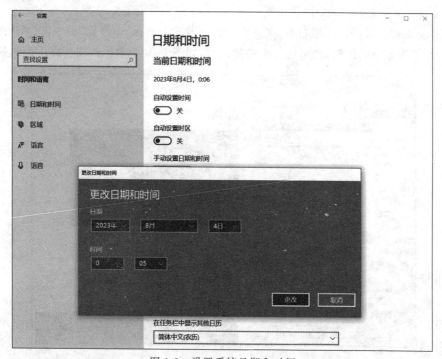

图 1-8　设置系统日期和时间

**步骤6** 安装和设置中文输入法

(1) 设置输入法。打开控制面板,找到"时间和语言"选项,如图1-9所示。

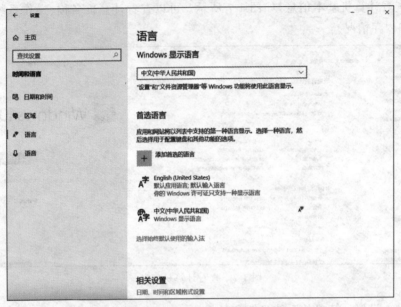

图1-9 "语言"设置界面

(2) 安装输入法。输入法种类很多,比如百度、QQ、搜狗等输入法,选择喜欢的一款下载并安装即可。安装之后按Ctrl+Shift组合键,即可实现各种输入法的切换。

**步骤7** Windows 10个性化设置

在系统桌面上的空白区域右击,在弹出的快捷菜单中选择"个性化"命令,进入"个性化"设置界面,单击相应的按钮,便可进行个性化设置,如图1-10所示。各按钮作用说明如下。

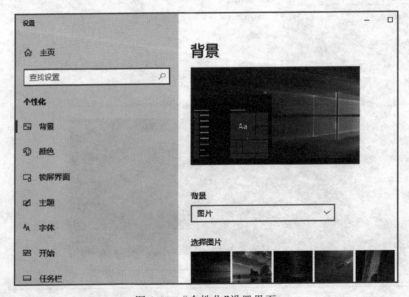

图1-10 "个性化"设置界面

"背景"按钮：在打开的"背景"界面中可以更改图片，设置纯色或者幻灯片放映等参数。

"颜色"按钮：在打开的"颜色"界面中可以为 Windows 系统选择不同的颜色，也可以单击"自定义颜色"按钮，在打开的对话框中自定义喜欢的主题颜色。

"锁屏界面"按钮：在打开的"锁屏"界面中可以选择系统默认的图片，也可以单击"浏览"按钮，将本地图片设置为锁屏界面。

"主题"按钮：在打开的"主题"界面中可以自定义主题的背景、颜色、声音以及鼠标指针的样式等，最后保存主题。

"开始"按钮：在打开的"开始"界面中可以设置"开始"菜单栏。

"任务栏"按钮：设置任务栏中屏幕上的显示位置和显示内容等。

**步骤 8**　设置个性化鼠标

在计算机桌面右击，选择"个性化"命令，在控制面板个性化设置窗口中单击左侧栏的"更改鼠标指针"链接文字，再按照个人喜好设置即可，如图 1-11 所示。

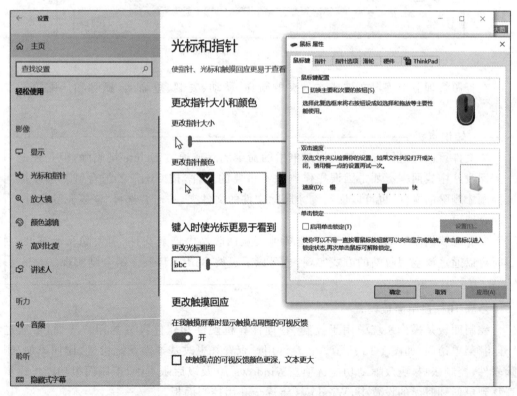

图 1-11　鼠标的设置界面

**步骤 9**　文件及文件夹管理

文件管理主要是在资源管理器窗口中实现的。资源管理器是指"此计算机"窗口左侧的导航窗格，它将计算机资源分为快速访问、OneDrive、此计算机、网络 4 个类别，方便用户组织、管理及应用资源，如图 1-12 所示。

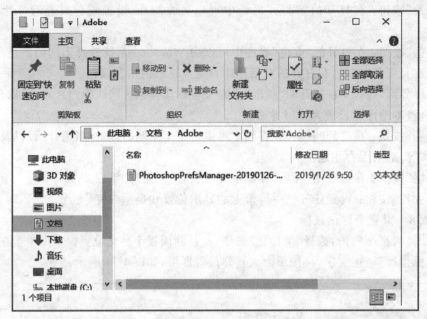

图 1-12 "资源管理器"设置界面

在资源管理器中练习文件或文件夹的新建、移动、复制、重命名、删除和压缩等基本操作。

> **知识点拨**
>
> 文件可以通过鼠标右键快捷菜单中的命令删除或通过 Delete 键删除,但是还能到回收站中找回来。如果因误操作删除了重要的文件,按 Ctrl+Z 组合键就可以撤回刚才删除的文件,也可以回到刚才删除文件的文件夹,右击并选择"恢复删除文件"命令即可。
>
> 有时我们需要彻底删除文件,避免他人从回收站中恢复文件,引发隐私泄露,此时可以通过清空回收站的方式实现,也可以通过按 Shift+Delete 组合键实现。

**步骤 10　控制面板设置**

控制面板是操作系统中用于控制、管理计算机硬件和软件设置的用户界面,可通过"开始"菜单访问,如图 1-13 所示。它允许用户查看并更改基本的系统设置,比如添加/删除软件,控制账户,更改辅助功能选项。Windows 10 及以后版本中,控制面板功能将逐步迁移到更便利时尚的设置中,Windows 将逐步弃用控制面板。

**步骤 11　查看 IP 地址**

IP 是为计算机网络相互连接进行通信而设计的协议,它是所有计算机在因特网上进行通信时应当遵守的规则。

查看 IP 地址的方法很多,可以通过控制面板打开"网络和共享中心",打开"更改适配器配置",右击并通过选择连线网络属性的方式查看 IP 地址。

图 1-13 控制面板

---

**多彩课堂**

为积极响应国家网络空间安全人才战略,加快实施网络强国战略,深入贯彻落实《中华人民共和国网络安全法》等法律法规,有效防范网络违法犯罪,切实维护网络安全,保护公民个人信息安全和网络合法权益,增强全社会维护网络安全的责任意识,提升人民群众的网络安全感和满意度,学院举办信息安全创意赛。该赛事包括两部分:一是智能终端安全、病毒防护、网站安全、系统安全等操作技能;二是信息安全管理相关知识。此次活动旨在共同提升社会大众信息安全意识的教育宣传活动,增强安全防护能力,培育全民信息安全文化,推进信息产业发展。

---

**巩固提升**

下面介绍鸿蒙系统的使用技巧。

鸿蒙系统是华为公司在 2019 年 8 月正式发布的一款全新的面向万物互联的全场景分布式智慧操作系统,创造了一个超级虚拟终端互联的世界,它将人、设备、场景有机联系在一起,使消费者在全场景生活中接触到多种智能终端,实现极速发现、极速连接、硬件互助和资源共享,创造了一个超级虚拟终端互联的世界。下面以移动端鸿蒙系统 4.0 为例,简单介绍其常见的实用功能。

**1. 个性化主题**

(1) 艺术主角。鸿蒙系统 4.0 可以轻松设计个性化空间主题,包括壁纸、锁屏和通话界面等。选中手机中的照片,鸿蒙系统 4.0 可以自动将照片中的主体识别出来并进行抠图,一步完成照片艺术化设计。再选择不同的纹理、渐变、模糊效果等,让人物照片不再单调,图标色也能更改,如图1-14所示。在设置中打开桌面和个性化,选择主题中的个性主题进行设置即可。

(2)全景天气。鸿蒙系统4.0可以通过重力感应与用户互动,比如全景天气主题会在壁纸、锁屏时显示当前天气。全景天气壁纸在设置应用之后可以根据使用手机的姿势角度自动切换3种不同角度的天气画面,分别是平视效果、仰视效果、俯视效果,天气效果既可以根据自己的喜好自由选择,也可设定为实时天气。平视就是正常视角。俯视时,晴天可以看到蓝色波纹水面,雨天可以看到落在水上的水滴。仰视时,就会看到天空,如天空的白云、雨天的雨滴往下落等。打开设置界面,单击"桌面与个性化",选择主题中的互动主题,单击"全景天气"进行自定义设置,如图1-15所示。

图1-14 艺术主角

图1-15 全景天气

**2. 隔空手势**

隔空手势可以帮助我们更轻松地操作手机,无须直接触碰屏幕,比如截屏和隔空按压等。鸿蒙系统4.0及以上版本进一步优化和提升,不仅支持更多的手势动作,还提高了识别准确性和响应速度。通过设置界面中的辅助功能,在"智慧感知"界面中可完成该功能的设置,如图1-16所示。只需要简单的手势即可完成截屏,并且还可以选择截屏的区域和形状。隔空按压可以通过手势来控制手机的一些操作,如Home键、音量键等。

图1-16 隔空截屏

## 3. AI 字幕

AI 字幕可以将手机内的视频或语音实时转为文字,并以字幕的形式呈现在屏幕上。视频设置字幕操作方式如下。

首先,在屏幕上调出控制中心,单击右上角的"编辑"按钮,在底部找到"AI 字幕"按钮,拖动到上方的快捷开关面板中,并开启此功能。开启后,视频播放界面将出现字幕悬浮窗,在悬浮窗中单击进入字幕设置界面,确认声音源为媒体声音,再根据视频语种选择声音源语言,如图 1-17 所示。

## 4. AR 测量

AR 测量能够利用手机摄像头和传感器实现对现实世界中物体的快速准确测量。用户只需打开 AR 测量应用,将手机摄像头对准待测物体,系统便能自动识别并显示出物体的面积、体积等尺寸信息,如图 1-18 所示。

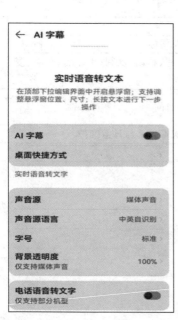

图 1-17 AI 字幕

图 1-18 AR 测量

## 项目小结

本项目主要通过选配计算机、安装 Windows 10 系统与个性化设置两个任务以及拓展提升等知识,使学生了解了计算机发展史、计算机工作原理、计算机软硬件基础知识、手机操作系统、Windows 10 系统设置、常用软件安装等内容,能够利用资源管理器对文件及文件夹进行基本操作。希望大家能够学以致用,提升计算机文化素养。

## 学习成果达成与测评

| 项目名称 | 计算机系统探秘 | | 学　　时 | 6 | 学分 | 0.4 |
|---|---|---|---|---|---|---|
| 安全系数 | 1级 | 职业能力 | 计算机软硬件基础操作及信息处理能力 | | 框架等级 | 6级 |
| 序　号 | 评价内容 | 评价标准 | | | | 分数 |
| 1 | 计算机硬件组成 | 能够认识计算机硬件以及各端口,了解计算机属性 | | | | |
| 2 | 选配计算机的重要组件 | 了解 CPU、主板、内存、硬盘等的品牌和性能 | | | | |
| 3 | 计算机主机拆装 | 能够了解计算机主机拆装基本流程 | | | | |
| 4 | 计算机软件系统 | 能够了解计算机软件系统组成 | | | | |
| 5 | Windows 10 操作系统 | 能够了解 Windows 10 操作系统特性及安装方法 | | | | |
| 6 | 手机操作系统 | 能够熟练操作智能手机操作系统 | | | | |
| 7 | 个性化计算机桌面 | 能够设置桌面背景、主题以及图标 | | | | |
| 8 | 文件及文件夹的管理 | 能够进行文件及文件夹的新建、移动、复制、重命名、删除、搜索、压缩基本操作 | | | | |
| 9 | 输入法、日期和时间的设置 | 能够设置输入法以及日期和时间 | | | | |
| 10 | 杀毒软件 | 能够安装杀毒软件,并进行病毒查杀与日常维护 | | | | |
| 考核评价 | 合计(每项评价内容分值为1分) | | | | | |
| | 指导教师评语: | | | | | |
| 备注 | 奖励:<br>(1) 每超额完成1项任务,额外加3分。<br>(2) 巩固提升任务完成为优秀,额外加2分。<br>(3) 参与计算机维护等社会实践,额外加5分。<br>惩罚:<br>(1) 完成任务超过规定时间,扣2分。<br>(2) 完成任务有缺项,每项扣2分。<br>(3) 故意损坏计算机硬件,扣5分,并被追究责任。<br>(4) 任务实施报告中存在歪曲事实、个人杜撰或有抄袭内容,不予评分。 | | | | | |

# 项 目 自 测

## 一、知识自测

1. 计算机硬件系统中最核心的部件是(　　)。
   A. 主板　　　　　　B. CPU　　　　　　C. I/O 设备　　　　D. 内存储器
2. 微型机使用 Pentium Ⅲ 800 的芯片,其中的 800 是指(　　)。
   A. 显示器的类型　　B. CPU 的主频　　　C. 内存容量　　　　D. 磁盘空间
3. 下列不属于微型计算机主要性能指标的是(　　)。
   A. 字长　　　　　　B. 内存容量　　　　C. 重量　　　　　　D. 时钟频率
4. 硬盘工作时应特别注意避免(　　)。
   A. 日光　　　　　　B. 潮湿　　　　　　C. 震动　　　　　　D. 噪声
5. 显示器显示图像的清晰程度,主要取决于显示器的(　　)。
   A. 对比度　　　　　B. 亮度　　　　　　C. 尺寸　　　　　　D. 分辨率
6. 操作系统是对(　　)进行管理的软件。
   A. 硬件　　　　　　B. 软件　　　　　　C. 计算机资源　　　D. 应用程序
7. 在 Windows 10 系统中,创建新的虚拟桌面的快捷键不包括(　　)。
   A. Win　　　　　　B. Ctrl　　　　　　C. D　　　　　　　　D. Shift
8. Windows 的"回收站"是(　　)。
   A. 存放重要的系统文件的容器　　　　B. 存放打开文件的容器
   C. 存放已删除文件的容器　　　　　　D. 存放长期不使用的文件的容器
9. 要使文件不被修改和删除,可以把文件设置为(　　)属性。
   A. 归档　　　　　　B. 系统　　　　　　C. 只读　　　　　　D. 隐藏
10. 剪贴板中的内容是在(　　)。
    A. 内存中　　　　　B. 硬盘中　　　　　C. 软盘　　　　　　D. 运算器

## 二、技能自测

1. 举例说明什么是计算机的软件、硬件以及它们之间的关系。
2. 某同学桌面的"计算机"和"回收站"等系统图标不小心弄丢了,请你帮他找回来。
3. 规范的文件名字分主文件名和扩展名,中间用"."分割。通常情况下,名字两部分的含义分别是什么?
4. 解释 D:\练习\win7\2013\abc.txt 的含义。
5. 某位同学在 Windows 桌面空白处右击,新建了一个文本文件,并命名为 abc.txt。文件名字莫名其妙地变成了 abc.txt.txt,原因是什么?
6. 打开 C 盘,如何能看到 C 盘上 Windows 下的所有内容?(该文件夹下有些重要文件或文件夹是隐藏的)
7. 将"记事本"程序添加到任务栏中,以便快速启动。
8. 打开的"画图"程序假定无法采用正常途径结束画图操作(比如死机了),该如何退出程序?
9. 在 D 盘上,利用菜单命令创建"我的练习"文件夹。在 Windows 桌面上创建一个快捷方式指向上述文件夹。
10. 请列出有关计算机信息安全方面的注意事项。

# 学习成果实施报告

| 题 目 | | | | | |
|---|---|---|---|---|---|
| 班 级 | | 姓 名 | | 学 号 | |

### 任务实施报告

(1) 请对本项目的实施过程进行总结,反思经验与不足。

(2) 请记述学习过程中遇到的重难点以及解决过程。

(3) 请介绍探索出的计算机硬件知识及硬件型号识别方法,以及计算机的使用和维护技巧,并创造性地使用解决实际问题的方法。

(4) 请对本项目的任务设计提出意见以及改进建议。

报告字数要求为 800 字左右。

### 考核评价(按 10 分制)

| 教师评语: | 态度分数 | |
|---|---|---|
| | 工作量分数 | |

### 考 评 规 则

工作量考核标准:

(1) 任务完成及时,准时提交各项作业。

(2) 勇于开展探究性学习,创新解决问题的方法。

(3) 实施报告内容真实,条理清晰,逻辑严密,表述精准。

(4) 软件安装操作规范,注意机器保护以及实训室干净整洁。

(5) 积极参与相关的社会实践活动。

奖励:

  本课程特设突出奖励学分:主要包括课程思政和创新应用两部分突出奖励。参加课程拓展活动记 2 分,计入课程思政突出奖励;实施报告记 1 分;原创优秀专业文章(内容新颖、文笔清晰,有思想和个人的独到观点)记 2 分;另外,参加计算机科技文化节、新一代信息技术科普宣传等科教融汇活动记 2 分,均计入创新应用突出奖励。

# 自主创新项目

数字化时代,各行各业都要求专业技术人员既要熟悉本领域知识,又要能够利用计算机解决专业领域的实际问题。因此,在计算机使用过程中,对计算机硬件的基本维护,对软件基础知识的掌控,以及对信息安全的了解,已经成为当今社会对每位公民的基本要求。

请结合学校、专业实际情况和个人的兴趣爱好,开展探究性学习,自主开发以下项目。该项目的具体内容包括项目名称、项目目标、项目分析、知识点、关键技能训练点、任务实施和考核评价等内容,请记录在下表中,并从以下项目中选取一个或者多个方向进行STEAM探究性学习。

(1) 计算机的日常维修与维护。
(2) 系统的优化、备份与恢复。
(3) 系统综合测试。
(4) 更换家庭路由器。
(5) 了解网络黑客技术。
(6) 了解密码技术与防火墙技术。
(7) 了解病毒与反病毒技术。
(8) 了解电子商务及电子政务安全技术。

| 项目名称 | | 学时 | |
|---|---|---|---|
| 开发人员 | | | |
| 项目目标 | 知识目标: | | |
| | 能力目标: | | |
| | 素质目标: | | |
| 项目分析 | | | |
| 知识图谱 | | | |
| 关键技能训练点 | | | |
| 任务实施 | | | |
| 考核评价 | | | |

# 项目2 信息检索

## 项目导读

数字化时代信息能像光一样快速传递,并且在生活中变得越来越重要,需要我们具备对信息的理解、分析和处理能力。理性地看待各种信息,识别虚假信息,并学会使用信息为生活服务,这是当代大学生必备的基础素养。

信息素养是全球信息化需要人们具备的一种基本能力。1974年美国信息产业协会主席保罗·泽考斯基提出这一概念,其内涵是利用大量的信息工具及主要信息源使问题得到解答的技术和技能。学生信息素养包括四个方面:信息意识、信息知识、信息技能和信息道德。其中信息意识是前提,信息知识是基础,信息能力是保证,信息道德是准则。培养学生的信息素养有助于快速掌握有效、可靠信息,进行科学决策,进而促进学生适应当前数字化学习和生活方式,以达到全面提升学生信息素质的目的。

信息检索是信息素养的基础,信息素养是信息检索的目的。信息检索是人们进行信息查询和获取的主要方式,旨在帮助学生强化信息需求与表达,深入掌握信息查询与数据分析的知识、方法与技能,提高学生灵活运用信息资源体系、检索工具和方法有效解决问题的能力。

## 职业技能目标

- 理解信息检索的基本概念。
- 了解信息检索的基本流程。
- 掌握常用搜索引擎的自定义搜索方法,掌握布尔逻辑检索、截词检索等方法。
- 掌握通过网页、社交媒体等信息平台进行信息检索的方法。
- 掌握通过期刊、专利、商标等数字信息资源平台进行信息检索的方法。

## 素养目标

- 培养学生敏锐的洞察力和对信息价值的判断力。
- 培养科学、严谨、务实、求真的工作习惯。
- 培养学生的法治观念和行为自律能力。
- 培养学生的信息安全意识和鉴别能力。

## 项目实施

本项目通过学习中的信息检索、职场中的信息检索以及生活中的信息检索3个典型任务以及巩固提升任务,详细介绍了信息检索的基本流程、搜索引擎使用技巧、专用平台信息检索应用等内容。

# 任务 2.1  学习中的信息检索

**学习目标**

知识目标：了解信息检索的基本概念和基本流程。掌握常用搜索引擎的自定义搜索方法，掌握布尔逻辑检索、截词检索、位置检索、限制检索等检索方法。强化信息需求与表达，深入掌握信息查询与数据分析的知识、方法与技能。

能力目标：了解馆藏书目查询方法，熟悉超星数字图书馆、方正数字图书馆以及一些常用免费中文电子图书网站，能对图书、论文进行检索。提高学生灵活运用信息资源体系、检索工具和方法解决信息问题的能力。

素养目标：促进学生数字化社会环境下的信息素质，提升信息安全意识，加强网络道德自我管理能力，培养大学生的探究精神。

**建议学时**

2 学时

**任务要求**

小军是一名高职一年级学生，他想快速适应大学的学习节奏，不仅能够快速掌握课堂上的专业知识，而且还想和小伙伴进行研究性学习，提升自主学习能力。另外，他还想拓展专业知识，在课余时间利用图书馆的海量资源和网络资源开阔视野，在知识的海洋遨游。请你给他提供专业性建议吧！

**任务分析**

步入大学后，学生面临着生活和学习方式的双重改变，对未来也有些迷茫，因此要多利用学院的门户网站、图书馆和专业论坛等方式了解所学专业，核心课程及未来的就业前景。

> **知识点拨**
>
> 信息是对客观世界中各种事物的运动状态和变化的反映，是客观事物之间相互联系和相互作用的表征，表现客观事物运动状态和变化的实质内容。
>
> 信息检索有广义和狭义之分，广义信息检索包括信息的存储和检索两个过程。通常所说的信息检索指狭义的检索，即依据一定的方法，从已经组织好的大量有关文献信息集合中，查找并获取特定的文献信息的过程。信息检索可以分为界定问题，选择信息源，制定策略并实施检索，评价信息，分析和利用信息五个步骤。

**电子活页目录**

学习中的信息检索电子活页目录如下：

(1) 图书馆使用指南

（2）文献信息检索的流程
（3）中国知网使用指南
（4）超星电子书使用指南

电子活页：学习中的信息检索

视频：任务2.1 学习中的信息检索

**任务实施**

**步骤1** 了解所学学科信息

打开所在院系网站首页，检索所学专业情况介绍、开设的主干课程、师资队伍等信息。比如要查询虚拟现实技术应用专业，首先打开学院首页→信息工程系→专业设置→虚拟现实技术应用，即可查询该专业的相关信息，如图2-1所示。

图2-1 系部网站

**知识点拨**

搜索引擎已经成为数字时代人们获取信息的主要途径之一。搜索引擎通过使用网络爬虫抓取数十亿个页面来工作。爬虫也称为蜘蛛或机器人，它们在网络中导航并按照链接查找新页面，然后这些页面将被添加到搜索引擎从中提取结果的索引中。搜索引擎的主要工作原理可以概括为爬取、索引、检索和排序。首先在互联网中发现、收集网页信息，同时对信息进行提取和组织建立索引库；再由检索器根据用户输入的查询关键字，在索引库中快速检出文档；接下来进行文档与查询的相关度评价，对将要输出的结果进行排序，并将查询结果返回给用户。

目前，全球范围内使用最广泛的搜索引擎包括 Google、百度、必应、雅虎等，这些搜索引擎在搜索算法、人工智能、自然语言处理等方面不断创新，以提供更准确、个性化的搜索结果。

**步骤 2　海量学习资源查找**

（1）慕课资源。慕课整合多种社交网络工具和多种形式的数字化资源，形成多元化的学习工具和丰富的课程资源。慕课课程易于使用，突破传统课程时间、空间的限制，实现人人皆学、处处能学、时时可学的教育目标。国内知名的慕课平台有中国大学 MOOC、学堂在线、网易公开课和国家职业教育智慧教育平台等。

国家职业教育智慧教育平台汇聚职业教育领域专业教学资源库、精品课程、规划教材、虚拟仿真实训等优质资源，面向学生、教师、社会公众提供职业教育优质教育资源和个性服务，面向教育行政管理部门等提供职业教育多维度数据挖掘和分析服务，增强职业教育适应性，促进职业教育服务便捷化、管理精准化、决策科学化，支持高素质技术技能人才、能工巧匠、大国工匠培养，如图 2-2 所示。

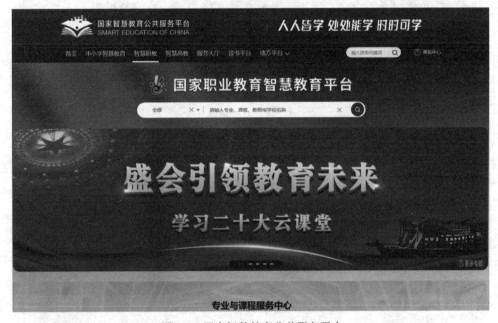

图 2-2　国家智慧教育公共服务平台

（2）方便快捷的问答社区。知乎是一个中文互联网高质量问答社区和创作者聚集的原创内容平台，如图 2-3 所示。该网站 2011 年正式上线，以"让人们更好地分享知识、经验和见解，找到自己的解答"为品牌使命。知乎以问答业务为基础，经过近十年的发展，已经承载为综合性内容平台，覆盖"问答"社区、机构号、热榜等一系列产品和服务，建立了包括图文、音频、视频在内的多元媒介形式。

知乎移动端和 PC 端都可以访问，搜索范围广，问题回答多，回答有深度，还可以对回答进行评论、收藏与关注。

（3）挖掘论坛社区的信息资源。大家论坛是致力于提供在线学习交流、考试服务和教育资讯的平台，提供最新的计算机等级考试大纲、教材、历年真题等信息，如图 2-4 所示。

图 2-3 知乎网站

图 2-4 大家论坛网站

果壳网是泛科普科学文化平台，提供科技主题内容，业务涉及科普内容传播、文创产品、科学教育、活动展览等领域。

小木虫—学术科研互动平台拥有旺盛的人气、良好的交流氛围及广阔的交流空间，已成为聚集众多科研工作者的学术资源、经验交流。

经管之家成立于2004年5月，前身是人大经济论坛，以"让优质教育人人可得"为使命，通过网络传播教育资源，解决教育资源在地区分布上的不平衡问题。

**步骤3** 善用图书馆资源

数"智"赋能图书馆，打造学院"悦读新空间"。为有效提升智慧化服务能力，图书馆以数字化转型为契机，以满足读者需求为导向，充分利用现代信息技术，推出了一批数字化、智能化、智慧化的公共文化数字化创新服务，主要包括图书馆大数据平台、图书馆服务数据智慧墙、智能书架服务、智能分拣服务、"无感借还"智慧流通服务、图书馆智能推荐服务、智慧阅读空间服务和基于5G的图书馆空间网络服务等。

> **知识点拨**
> 
> 垂直搜索引擎也被称为专业搜索引擎、专题搜索引擎，是通过对专业特定的领域或行业内容进行专业和深入的分析挖掘、过滤筛选，信息定位为更精准的专业搜索，是搜索引擎的细分和延伸。有针对性地为某一特定领域、某一特定人群或某个特定需求提供了专门的信息检索服务，以满足用户个性化的信息需求。

在学院首页打开图书馆链接，可以进行馆内纸质图书、期刊资源和电子资源检索服务，方便借阅和下载使用，如图2-5所示。

图2-5 图书馆馆藏查找

随着职业教育数字化转型,近年来各学校图书馆加快了数字化升级进程,逐步加大对数字资源的建设力度,开通中国知网、百度文库、VIPEXAM 考试库、龙源期刊电子阅览室等数据库资源,能够满足师生教学、科研和日常学习对数字资源的需求。

**步骤 4　学术信息资源查找**

(1) 中国知网。CNKI 中国期刊全文数据库是目前世界上最大的连续动态更新的中国期刊全文数据库,收录国内 8200 多种重要期刊,以学术、技术、高等科普及教育类为主,同时收录部分基础教育、大众科普和文艺作品类刊物,内容覆盖自然科学、医学、人文社会科学等各个领域,全文文献总量 2200 多万篇。将中国知识网上的文章下载下来本地阅读时支持 CAJ 和 PDF 两种格式。

---

**知识点拨**

　　PDF 是由 Adobe 创建的电子文档格式,因为不受操作系统的语言、字体等限制,可以精确显示原稿的每一个字符、颜色及图像,常被用来制作电子图书、产品说明、公司文告等。PDF 需要使用专业的软件才能查看编辑,常用的 PDF 阅读器有福昕 PDF 阅读器、金山 PDF、Adobe Acrobat DC、万兴 PDF、迅读 PDF 等。

---

(2) 维普网。重庆维普于 1989 年自主研发并推出的《中文科技期刊篇名数据库》填补了我国学术期刊在计算机信息检索领域的空白历史,也标志着我国中文期刊的计算机信息检索技术达到了一个较高水平。

面向全国高等院校、公共图书馆、科技情报研究机构、医院、政府机关、大中型企业等各类用户,公司相继推出了《中文科技期刊数据库》《中国科技经济新闻数据库》《中国科学指标数据库》、维普论文检测系统等系列产品与服务,受到了用户的广泛认同。

(3) 万方数据知识服务平台。万方数据知识服务平台整合海量学术文献,构建多种服务系统,整合了中国学位论文全文数据库(CDDB)、中国学术期刊全文数据库(CSPD)、中国学术会议全文数据库(CCPD)、中国科技报告数据库、中外专利数据库(WFPD)、中外标准数据库(WFSD)等资源。

万方数据知识服务平台提供了万方智搜(WFDiscover)、万方检测(WF Similarity Detection)、万方学术圈(WFLink)、科慧(Sci-Fund)、万方选题(WFTopic)、灵析、万方指数(WFMetrics)、DOL 注册与链接、万方数据知识服务平台服务号、万方数据 App 等服务。

(4) 百度文库。百度文库是全球最大的中文文档分享平台。文库高校版是依托百度文库实用性文档,为高校量身打造的行业知识库,平台集机构业务文档、课程学习资料、行业法律文件等内容于一体,为广大师生提供全面、系统、专业的知识服务。百度文库高校版数字资源涵盖内容广泛,覆盖各个学科的课件、教案、案例、试题、文献资料等资源,能够满足日常全方位、多学科查阅文档、下载文档的需求,已成为师生教学研究及学习的必备工具。

> **知识点拨**
>
> 　　检索词是能概括检索内容的相关词汇,主要由名词和动词两大词类构成,也可以是学科名、人名、机构名、期刊名等。限定词数目越多,查准率越高;限定词数目越少,查全率越高。
>
> 　　检索词选择有以下几种方式:从课题字面和内涵中选词、选择实词、选择最小词汇、尽量挖掘限定词等。比如,要检索"高校计算机网络安全与预防",可以从高校、计算机、网络、安全、预防字面选词,也可以从大学、防护等内涵选词;要检索"汽车尾气对人类健康的影响及治理",可以选择汽车、尾气、健康、治理等实词。

（5）超星电子书。超星电子图书数据库是全球最大的中文在线图书馆之一,为用户提供了大量的电子全文在线阅读使用方式,现共有数字图书约 135 万种,涵盖中国图书分类法中的文学、经济、政治、法律、哲学、军事等 22 个大类。同时,还拥有来自全国 700 多家专业图书馆的大量珍本、善本及民国时期等稀缺文献资源。

> **多读善思**
>
> **书香浸润心灵,阅读点亮人生**
>
> 　　国家智慧教育读书平台是为了深入贯彻落实党的二十大关于深化全民阅读活动的重要部署,进一步推动青少年学生阅读,促进全面提升育人水平,服务学习型社会、学习型大国建设,由教育部联合相关部门启动实施"全国青少年学生读书行动"并开通。
>
> 　　读书平台建设初期设有"青少年读书空间""老年读书社区""中国语言文字数字博物馆""中国数字科技馆"四个板块。读书平台将不断丰富阅读资源,并依托平台开展有关读书活动,助力青少年学生读书行动深入开展。

> **多彩课堂**
>
> 　　为全面提高学生的数字素养,加强学生自我学习能力,培养学生钻研探究的精神,引导学生更好地利用图书馆信息资源,图书馆举办"爱检索·得新知——大学生数字素养大赛"。技能大赛涵盖入馆教育相关知识、文献资源使用常识、信息检索基本知识和技能、移动阅读、网络信息检索与获取、图书馆数据库使用相关知识等。通过此次活动帮助学生掌握信息检索和利用的方法和技术,提高学生获取文献和利用各种图书馆资源的能力。

**巩固提升**

下面介绍撰写数字素养研究报告的方法。

数字素养是信息素养概念的延伸和发展,请利用中文学术文献数据库,梳理 10 年（2014 年 10 月 31 日至 2024 年 10 月 1 日）来中国数字素养研究发展的脉络和方向,制作图表并进行数据分析,研究数字素养研究领域的基本情况,写出 1500 字内的研究报告。

# 任务 2.2　职场中的信息检索

### 学习目标

知识目标：掌握招聘信息查询、行业信息查询以及创业信息查询等。
能力目标：熟练掌握职场中信息检索的方法以及注意事项。
素养目标：增强诚信意识和择业意识。

### 建议学时

2 学时

### 任务要求

同学们对实习就业非常关心，通过行业研究可以精准锁定目标职位。如何全面了解行业信息，查找实习就业岗位，查询企业征信信息呢？有的同学积累了一定的资源和核心技术，有自主创业的想法，那么如何查询标准信息、专利信息以及注册商标呢？

### 任务分析

就业信息通常包括就业形势信息、用人单位信息和社会需求信息等，它是择业决策的重要依据和通向理想工作岗位的桥梁，在大学生求职过程中有着举足轻重的作用。要找到适合的职位，就要根据招聘者自身特点及对应聘者的要求、取向等进行信息检索。诸如招聘单位名称、性质、规模、主要业务、资产情况、招聘职位、招聘要求等方面的信息。通过各级就业指导部门相应网站检索就业信息，这样获得的就业信息相对正规和权威。

### 电子活页目录

职场中的信息检索电子活页目录如下：
（1）垂直搜索引擎
（2）专利检索技巧
（3）SooPAT 专利搜索引擎使用说明
（4）商标申请注册流程

电子活页：职场中的信息检索

### 任务实施

**步骤 1　招聘信息查找**

就业信息可以通过企业官网、社交媒体和招聘网站等途径获取。请根据以下三个条件查找实习企业和岗位：济南市区工作，从事 IT 行业，有基础保险保障。

（1）相关机构网站。各高校就业信息网是学校就业中心为解决应届生就业设置的专用一体化网站，囊括了校招企业的信息、宣讲会

视频：任务 2.2 职场中的信息检索

和双选会时间通告、应届生求职信息等内容。

国家大学生就业服务平台是由教育部主管、教育部学生服务与素质发展中心运营的，服务于高校毕业生及用人单位的公共就业服务平台，如图2-6所示。平台具有大数据技术支撑，能够精准推送职位，采取线上线下结合的方式，定期举办大型网络招聘会，助力大学生就业。

图2-6　国家大学生就业服务平台

政府部门、企事业单位的招聘信息一般会在官方网站查找。中国公共招聘网是人力资源和社会保障部主办的公共就业服务网，信息真实、更新及时。主要发布招聘信息、招聘会信息、事业单位公开招聘信息和市场资讯等。

（2）招聘专门网站和论坛。常用的招聘网站有前程无忧、智联招聘和中华英才网等。另外，还有国聘网（针对国企和央企的求职）、BOSS直聘、数字英才、58同城招聘网和赶集网招聘等网站。

猎头公司是招聘行业的一种特殊类型，也被称为人才中介或人才代理公司，其主要服务对象是高层次、高技能领域人才，而这些人才往往是其他用人单位难以直接招聘到的。其主要运作方式是通过人才网络、人脉关系以及各种渠道获取需要招聘的人才，并将其推荐给企业。知名的猎头招聘网站有人人猎头、猎聘网、猎上网等。

除招聘网站外，还可以关注一些求职公众号，如刺猬求职、互联派、校招日历、校园招聘、国聘和成功就业等都较为知名。这些公众号定期更新校招信息，发放求职资料，讲解简历技巧等，为应届生求职提供很大帮助。

**步骤2** 调研企业信息

岗位是否可靠主要看招聘单位的规模、口碑和行业地位。对企业进行全盘分析，查询公司的管理团队、融资情况等要用企业服务数据库，如启信宝、企查查、信用视界和天眼查等。天眼查是国内第一家获得央行企业征信备案的机构，通过该渠道可以查询企业基本信息,如注册信息、规模大小等情况。

> **多读善思**
>
> **征　信**
>
> 　　征信在中国是个古老的词汇,《左传》中就有"君子之言,信而有征"的说法。我国自古以来就崇尚诚实守信这一美德,并通过道德意义上的批判促进诚信观念的形成。征信能够从制度上约束企业和个人行为,有利于形成良好的社会信用环境。诚实守信对企业和个人都是不可或缺的美德。
>
> 　　个人征信是指依法设立的个人信用征信机构对个人信用信息进行采集和加工,并根据用户要求提供个人信用信息查询和评估服务的活动。目前主要用于银行的各项消费信贷业务。随着社会信用体系的不断完善,信用报告将更广泛地被用于各种商业赊销、信用交易和招聘求职等领域。此外,个人信用报告也为查询者本人提供了审视和规范自己信用历史行为的途径,并形成了个人信用信息的校验机制。
>
> 　　企业征信从服务对象的不同,具有六大作用:防范信用风险,服务其他授信市场,加强金融监管和宏观调控,服务其他政府部门,有效揭示风险,提高社会信用意识。

**步骤3　深入查找行业信息**

如何了解行业政策、最新动态和行业发展报告呢?行业研究要从行业发展态势研究、典型企业研究、典型职位和发展方向研究三方面入手。百科类网站是形成最初认知的良好开端,获得的信息既准确又能快速浏览全局及发展历程。可以选择维基百科和百度百科,输入关键词搜索研究对象。

> **知识点拨**
>
> 行业信息可以通过相关机构官网获得:
> - 政府机构官网(如中国科技部官网)
> - 各行业协会、行业组织机构官网等(如中国科学技术协会官网)
>
> 典型数据库包括:
> - 中国经济信息网数据库
> - CSMAR 国泰安金融研究数据库
> - Wind 资讯金融终端
> - 中国资讯行数据库
> - CEIC 经济数据库

行业信息可以通过政府公开数据库和行业协会公开信息来了解,数据准确、权威,可参考价值大,如国家统计局、中国信通院、中国政府官网、世界银行、世界数据图册等;还可以通过咨询公司报告获得准确数据,如艾瑞网、麦肯锡、世界经济论坛等。

**步骤4　创业信息查询**

(1)研发产品时查询标准信息。标准是在生产科研活动中,经有关方面协商一致,由主管机关批准,以特定形式发布,对产品、工程及其他技术的质量、品种、检验方法及技术要求等所做的统一规定,是有关方面共同遵守的技术依据与准则。

国家标准全文公开系统收录现行有效强制性国家标准2027项。其中非采标1412项可在线阅读和下载,采标615项只可在线阅读。现行有效推荐性国家标准39627项。

全国标准信息公共服务平台提供国内所有的国家标准(50000多)、行业标准(70000多)、地方标准(40000多)、团体标准、企业标准、国际标准(近80000)的查阅,提供大部分国家标准的在线阅读。

中国国家标准化管理委员会是统一管理全国标准化工作的主管机构,通过右侧通道可以进入国家标准全文公开系统、全国标准信息公共服务平台以及标准化业务协同系统等。

国家市场监督管理总局是全国一体化在线政务服务平台,通过"服务"按钮及"我要查"功能,可以进入全国标准信息公共服务平台。

常用的标准类工具书有《中华人民共和国国家标准目录》《中国标准化年鉴》《中国国家标准汇编》《标准化通信》《中国标准导报》《国家标准代替、废止目录》《世界标准信息》等。

(2)专利信息查询。专利不仅是尊重他人的发明权,还能保护自己的发明权不受侵犯,获得相应经济利益。常用的专利信息查询网站有:国家知识产权局专利、SooPAT专利搜索引擎、谷歌专利、中国知网库等。打开平台网页,输入关键字检索即可。

各国专利保护期限不同,美国为17年,日本为15年,英国为20年。中国发明专利保护期为20年,实用新型和外观设计专利为10年。

(3)注册商标。商标是在其商品或者商品包装上使用的标记,是一个专门的法律术语,用以识别和区分商品或者服务来源的标志。文字、图形、字母、数字、三维标志、颜色组合和声音等,以及上述多种要素的组合,均可作为商标申请注册。

商标受法律的保护,注册者有专用权。最简单的查询就是打开中国商标网,如图2-7所示。单击"商标查询"→"我接受"按钮→"商标近似查询"按钮,然后输入需要查询的商标名称、类别和查询方式即可,如图2-8所示。

图2-7 中国商标网

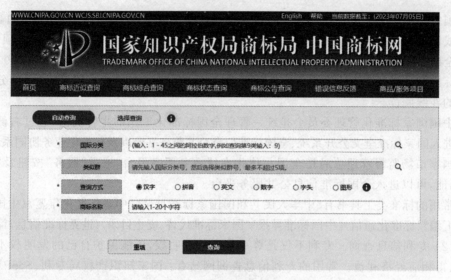

图 2-8 商标近似查询

---

**多读善思**

### 保护注册商标专用权

商标获得注册后,在商标有效期内,在核定使用的商品类别上,商标注册人享有注册商标专用权。如果发现他人未经许可,在同一种商品上使用了注册商标或者在同一种商品上使用了与注册商标近似的商标,或者在类似商品上使用了与注册商标相同或者近似的商标,造成消费者混淆,就构成了商标侵权,销售上述商品或者为侵权行为提供侵权条件的行为也构成侵权。

商标注册和保护意识都非常重要,企业应该提前做好商标布局,注重商标保护意识,提升品牌价值。我们要树立尊重知识及保护知识产权的意识,了解知识产权相关法律知识。

---

**多彩课堂**

学院拟开展就业信息检索竞赛,该竞赛聚焦大学生职业生涯规划、就业政策、就业环境、求职技巧等信息素养能力提升,旨在引导大学生拥抱新时代,认识大变局,理解新理念,适应新格局,树立科学的人生观、价值观、就业观,深入理解和准确把握社会与时代发展对当代大学生思想政治与文化素养的新要求,提升就业信息检索和利用能力。

参赛队伍需要充分利用各类就业网站、企事业单位网站等各类检索工具,尽可能全面准确地收集相关信息,进行梳理总结。小组成员自主选择感兴趣的行业,基于信息检索、组织和分析,探索行业的发展前景等,并对该行业的一个典型岗位的从业人员做"人才画像"。各小组将检索的就业知识制作成PPT进行展示,重点考查参赛选手的就业信息检索、组织与分析能力。

**巩固提升**

创业计划是创业者叩响投资者大门的"敲门砖",一份优秀的创业计划往往会使创业者达到事半功倍的效果。通常创业计划是市场营销、财务、生产、人力资源等职能计划的综合。学院拟开展"创新引领创业筑梦——创业计划书"大赛,请同学们思考以下问题,拟定一份创业计划。

(1) 关注产品
(2) 敢于竞争
(3) 了解市场
(4) 表明行动方针
(5) 展示管理队伍
(6) 设计出清晰的商业模式
(7) 出色的计划摘要

## 任务 2.3 生活中的信息检索

**学习目标**

知识目标:掌握交通、住宿以及旅游攻略信息查询技巧,整理旅游计划方案。了解检索生活信息的常用网络检索工具,说出百度等常用搜索引擎的功能特点和使用方法。

能力目标:熟练掌握利用搜索引擎搜索网络资料的方法,并进行科学统筹规划的能力;具备熟练使用互联网及下载数据资料的能力。

素养目标:培养学生获取、整理和处理信息的能力;提升学生信息安全防护意识,自觉遵守网络道德;培养学生的自我管理能力和团结协作能力;深化学生对齐鲁文化的认识。

**建议学时**

2 学时

**任务要求**

读万卷书,行万里路,即将到来的这个假期,小军想和舍友安排一次山东自由行的深度旅游,实地体验齐风鲁韵钟灵毓秀,他们需要提前规划路线和行程安排。请帮他们策划行程全攻略,制订旅行计划。

**任务分析**

自由行规划主要分为这四大板块:玩、吃、住、行,四大板块相互对应,互相完善,形成完整版行程规划。他们需要在网络上预订车票,预订酒店,查询旅游景点攻略等。首先可以查看好客山东网站,全面了解山东的旅游产业,还可以借助马蜂窝、穷游、小红书、知乎等 App 搜索关键词,如山东 5 日游、青岛攻略等。或者直接搜索城市名等,会弹出很多相关攻略及游记,可以从大量信息中了解城市各个景点的大概游玩时间,然后筛选出最想去的景点,初步确定行程目标,规划活动安排,确定预计开销等。

**电子活页目录**

生活中的信息检索电子活页目录如下:
(1) 布尔逻辑检索
(2) 截词检索
(3) 位置检索
(4) 限制检索
(5) 国家反诈中心 App 的使用

电子活页:生活中的信息检索

**任务实施**

**步骤1** 规划行程时间表

舍友们参考了山东省旅游交通专项布局规划的五条旅游路线:"黄河入海""鲁风运河""长城寻迹""千里滨海""红色沂蒙"。请选择一条路线规划行程时间表。

**步骤2** 查询列车或航班信息

视频:任务2.3 生活中的信息检索

可以借助 12306 官方网站查询列车时刻表,预订火车票。或者携程等网站查询飞机航班信息。

(1) 在浏览器地址栏中输入 12306 火车票网上订票系统官方网址,如图 2-9 所示。

图 2-9 12306 火车票网上订票网站

(2) 单击"车票"选项卡,进入列车车次的预订及查询页面,在"出发地"文本框中输入出发地点,在"到达地"文本框中输入目的地,选择"单程"或者"往返",如果是"往返",再选择出发日期、返程日期,单击"查询"按钮,获得车次查询结果。

(3) 预订车票。在提供的所有车次中选择合适的车次。登录个人账号后,单击"预订"按钮,即可预订车票,然后在支付网页支付成功,即可完成订票操作,手机上将会收到订票成功的服务信息。

(4) 查询市内最佳乘车方案。常用的导航 App 有百度地图和高德地图。在页面中的"请输入公交起点""请输入公交终点"文本框中分别输入关键词,单击"搜索"按钮,查看乘车方案以及乘车线路,在"公共交通""驾车""步行""骑行""打车"中选择一种交通方式,就可以查看最优路线。还可以使用"车来了精准实时公交"小程序查看公交车的精准定位。

---

**▶ 多读善思**

**百度地图**

百度地图自 2005 年上线以来,秉持科技让出行更简单的品牌使命,以科技为手段不断探索创新,已经发展成为国内领先的互联网地图服务商。百度地图具备全球化地理信息服务能力,包括智能定位、POI 检索、路线规划、导航、路况、实时公交等。

百度地图发布了自主研发的"北斗高精"一体化精准定位导航技术,升级了北斗高精"真"车道级导航。该导航可实时引导用户提前驶入最佳车道,更安全地提供车道级预警服务,让大众出行更加精准安全。此外,用户通过百度地图,还能体验到室内外无缝融合的车位级导航、红绿灯精准倒计时、全景指路服务、AR 实景步行导航等多项应用"北斗高精"自研技术的特色出行服务。

新一代的人工智能地图将成为城市运行的末梢神经,服务于千行百业。北斗卫星导航是我国自研的全球卫星导航系统,作为国家安全的基石,北斗系统可以应用到诸多民用领域,面向未来万亿级的产业,"北斗+"如何与数字产业化、产业数字化更紧密地相互联系,尚需继续探索和创新。

---

**步骤 3　预订酒店或民宿**

(1) 在浏览器地址栏中输入携程网官方网址,在首页(图 2-10)中依次选择"酒店""国内酒店",在"目的地"文本框中输入关键字,选择"入住日期"和"退房日期",选择房间数和住客数,选择酒店级别。

图 2-10　携程网首页

(2) 单击"搜索"按钮,进入酒店选取页面,了解酒店的相关信息,预订合适的酒店。

---
**多读善思**

### 个人信息保护

李女士通过手机某App订机票后却收到航班取消的诈骗短信,告知其因飞机起落架故障航班取消,让她联系客服办理改签或退票。在对方诱骗之下,她开通了支付宝"亲密付"功能和银行卡的网银功能,先后被转走近12万元。此案例引起了广大网民用户对信息安全问题的重视。

随着科技飞速发展和信息的快速传播,生活中出现大量关于个人信息泄露的问题,信息保护刻不容缓。从手机App到酒店、快递公司、电商平台,都未能摆脱平台用户信息遭泄露的指控,但要追溯到信息泄露的源头却非常困难。个人信息的不当扩散与非法利用已经逐渐成为危害公民的社会性问题,请下载注册国家反诈中心App和"金钟罩"反诈预警微信小程序,开启全方位反诈预警。

---

**步骤4　美食信息检索**

地域是美食文化的标志,长期以来孕育出独特的美食风格,由于自然地理风光、风土人情的区别,饮食习惯也自有不同。品尝特色美食也是旅行中重要的组成部分,美食信息的检索途径有美食搜索引擎、美食专门网站和商业预订网站。常用的App有大众点评、美团、小红书、时光脚丫等。还可以打开好客山东网站,通过"山东有礼全景展厅"了解当地特产。

---
**多读善思**

### 恪守网络道德

2020年8月到2023年8月间,张某一心钻营外卖平台"损赔付"规则漏洞。订外卖后,他以食品安全、产品质量、体验不好等理由向平台投诉,要求商家退款。张某要求该平台多倍赔偿共计12次,恶意索赔金额1000元,商家退还金额4600元。法网恢恢疏而不漏,张某的违法行为最终败露,检察机关以张某涉嫌诈骗罪为向法院提起公诉。以非法占有为目的,采取虚构事实的方法骗取电商平台赔偿数额较大,其行为构成诈骗罪。

言论自由守限度,法律意识须提升。网络言论自由权的行使必须符合法律规定,无论现实中还是网络上,随意捏造事实、侮辱、诽谤他人等语言暴力和恶意差评都是违法的,要受到法律的约束和制裁。

---
**多彩课堂**

网络已成为人们生活、工作、娱乐的重要载体,我们平时在网络平台上购物或者消费时,总会留下一些个人信息,我们使用网络给学习和生活带来便利的同时,也面临着个人信息泄露的危险。随着网络技术的迅速发展,网络安全与个人信息保护是维护个人权益、国家安全和社会稳定的重要基石。在数字时代,面对日益严峻的网络安全形势,我们应提高警惕,采取有效措施,共同维护网络安全与个人信息的安全。请同学们就网络安全与个人信息保护开展头脑风暴活动。

**巩固提升**

下面介绍"旅游手记大赛"。

旅行过程中除了感官享受之外,还能提升历史、人物、环境、文化的鉴赏品位。无论是精致佳肴还是街巷小摊,无论是广阔自然还是一墙一角,都可以写成文字或者拍摄照片、视频,展示地域特色,传承传统文化,分享旅游的多彩魅力。请同学们使用不同方式讲述旅行途中的亲身体验,分享旅途感悟,记下青春的足迹。

## 项目小结

信息素养是数字化时代每个公民的必备素质,不断学习和提高信息检索技能,注重信息伦理和信息安全,避免信息泄露和信息滥用,才能更好地利用信息,适应时代发展。通过学习中的信息检索、职场中的信息检索以及生活中的信息检索三个任务,掌握信息检索的流程,能够使用专业网络数据库检索信息,提高检索效率。鼓励学生参加"数字素养大赛""旅游手记大赛"等丰富多彩的拓展活动,将活动参与度和效果作为课程思政内容评价的一部分,不仅丰富了教学增值性评价的内涵,而且加强了对学生的思政教育和价值引领。

## 学习成果达成与测评

| 项目名称 | 信息检索 | | 学　　时 | 8 | 学分 | 0.5 |
|---|---|---|---|---|---|---|
| 安全系数 | 1级 | 职业能力 | 信息检索、信息安全与伦理 | | 框架等级 | 6级 |
| 序号 | 评价内容 | 评价标准 | | | | 分数 |
| 1 | 信息的概念和内涵 | 能够理解信息的概念 | | | | |
| 2 | 信息检索的概念和内涵 | 能够理解信息检索的概念 | | | | |
| 3 | 信息检索的基本流程 | 能够掌握信息检索的基本流程 | | | | |
| 4 | 自定义搜索方法 | 能够利用常用搜索引擎的自定义搜索方法进行检索 | | | | |
| 5 | 布尔逻辑检索 | 能够应用布尔逻辑检索方法查找信息 | | | | |
| 6 | 截词检索 | 能够应用截词检索方法提高检索精度 | | | | |
| 7 | 位置检索 | 能够应用位置检索方法提高检索精度 | | | | |
| 8 | 专业基本信息查询 | 能够利用学院网站进行专业师资、课程设置等基本信息检索 | | | | |

续表

| 序　号 | 评价内容 | 评价标准 | 分数 |
|---|---|---|---|
| 9 | 图书馆规章制度 | 了解图书馆的规章制度及基本情况 | |
| 10 | 图书馆资源 | 掌握图书、期刊借阅、电子资源使用、信息检索等功能 | |
| 11 | 期刊和论文 | 能够熟练利用中国知网、万方数字资源库、维普中文期刊数据库等平台进行报刊、论文检索及下载 | |
| 12 | 电子图书 | 能够利用超星、万方等平台进行电子图书检索 | |
| 13 | 实习就业单位 | 能够利用网络信息进行实习就业单位、岗位查询 | |
| 14 | 企业信息查询 | 能够进行企业基础信息查询 | |
| 15 | 商标 | 了解商标检索和申请流程 | |
| 16 | 专利 | 了解专利检索和申请流程 | |
| 17 | 交通信息查询应用 | 能够进行机票、车票及市内交通查询 | |
| 18 | 住宿信息查询与酒店预定 | 能够进行住宿酒店或民宿等信息查询 | |
| 19 | 景点门票查询与预约 | 能够进行景点门票信息查询与预约 | |
| 20 | 地方美食及特产查询 | 能够进行地方美食及特产查询 | |
| 21 | 信息安全防护 | 具有较强的信息安全防护意识，保障个人敏感信息的安全 | |
| 22 | 信息伦理 | 自觉抵制不良网络言行，网络社交高度自律 | |
| 考核评价 | 项目整体分数（每项评价内容分值为1分） | | |
| | 指导教师评语： | | |
| 备注 | 奖励：<br>(1) 每超额完成1项任务，额外加3分。<br>(2) 巩固提升任务完成为优秀，额外加2分。<br>(3) 参与信息检索竞赛或者社会实践，额外加5分。<br>惩罚：<br>(1) 完成任务超过规定时间，扣2分。<br>(2) 完成任务有缺项，每项扣2分。<br>(3) 在网络上发布、散播不良言论，扣5分，并被追究责任。<br>(4) 任务实施报告中存在歪曲事实、个人杜撰或有抄袭内容，不予评分。 | | |

# 项 目 自 测

## 一、知识自测

### (一)单项选择题

1. ( )是在特定的情境下所表达的具有一定意义的数字、信号、声音、图像和文字等。

    A. 知识　　　　　　B. 信息源　　　　　　C. 信息　　　　　　D. 数据

2. 布尔逻辑表达式"在职人员 NOT(中年 AND 教师)"的检索结果是( )。

    A. 检索出除了中年教师以外的在职人员的数据

    B. 中年教师的数据

    C. 中年和教师的数据

    D. 在职人员的数据

3. 布尔逻辑检索中检索符号 OR 的主要作用是( )。

    A. 提高查准率　　　　　　　　　　B. 提高查全率

    C. 排除不必要信息　　　　　　　　D. 减少文献输出量

4. 利用截词技术检索"?ake",以下检索结果正确的是( )。

    A. stake　　　　　B. snake　　　　　C. slake　　　　　D. take

5. ISBN 是( )的缩写。

    A. 国际标准刊号　　　　　　　　　B. 国际标准书号

    C. 连续出版物代码　　　　　　　　D. 国内统一刊号

6. Adobe Reader 可以阅读( )格式的文件。

    A. VIP　　　　　　B. TXT　　　　　　C. HTML　　　　　D. PDF

7. 全球最大的中文搜索引擎是( )。

    A. 百度　　　　　　B. 搜搜　　　　　　C. 雅虎　　　　　　D. 比应

8. 下列属于网址导航的是( )。

    A. www.hao123.com　　　　　　　　B. www.baidu.com

    C. www.soso.com　　　　　　　　　D. www.cnki.com

9. 一个截词符代表多个字符指的是( )。

    A. 后截词　　　　　B. 中截词　　　　　C. 无限截词　　　　D. 有限截词

10. 在检索表达式"wps2022 下载 site:edu.cn"中,( )是主题词。

    A. wps2022　　　　B. 下载　　　　　　C. site:edu.cn　　　D. 都不是

### (二)多项选择题

1. 布尔逻辑检索的运算符号包括( )。

    A. and　　　　　　B. or　　　　　　　C. not　　　　　　D. add

2. 布尔逻辑运算符号"非"的作用在于( )。

    A. 增加限制条件　　　　　　　　　　B. 排除检索结果

C. 缩小文献范围 D. 提高查准率
3. 布尔逻辑运算符号"与"的作用在于（　　）。
   A. 增加限制条件 B. 缩小检索范围
   C. 提高检索的专指性 D. 提高查准率
4. 使用截词检索的作用在于（　　）。
   A. 扩大检索范围 B. 排除检索结果
   C. 防止漏检 D. 提高查全率
5. 下列数据库可以查找电子书的是（　　）。
   A. 书生之家数字图书馆 B. 超星数字图书馆
   C. CNKI 期刊全文数据库 D. SPINGERLINK
6. 从 CNKI 学位论文数据库下载的论文应用（　　）阅读器打开。
   A. PDF B. CAJ C. HTML D. FOXIT
7. 截词检索中，常用的截词符号有（　　）。
   A. + B. - C. * D. ?
8. 使用搜索引擎搜索时，如果返回的结果较多且误检率较高，可能的原因有（　　）。
   A. 主题词不具体 B. 主题词具有多义性
   C. 对检索词的限制不够 D. 主题词太多
9. 网页中的精美图片，如果想拿来为自己所用就必须把它们下载下来。对于大多数网页来说，图片的下载并不复杂，有以下几种常用的方法（　　）。
   A. 通过右击并选择"图片另存为"命令下载 B. 使用常用下载工具软件下载
   C. 选定后复制，然后在合适文档中粘贴 D. 通过保存整个网页下载
10. 下列属于网络信息检索特点的有（　　）。
    A. 范围广 B. 速度快 C. 交互性强 D. 操作简单

（三）判断题
1. 文献信息源是各种信息源中检索与利用的主体。（　　）
2. 图书一般不能反映最新的信息，时效性差，相比之下，期刊出版发行速度快，内容新颖。（　　）
3. 把一种图书和另一种图书区别开来的唯一标识是 ISBN 号。（　　）
4. 不论信息检索的方法是否相同，信息检索的原理都是一样的。（　　）
5. 搜索引擎的检索策略是指利用搜索引擎进行信息检索的全面规划，主要涉及分析检索需求、选择搜索引擎及其具体功能、确定检索式、修正检索式等问题。（　　）
6. 搜索引擎检索器的主要功能是抓取信息。（　　）
7. 在百度搜索时，使用空格、减号、双引号、竖线增加检索条件，缩小了结果范围，提高了查准率。（　　）
8. 在搜索引擎检索框输入的文字和符号没有固定的格式，但考虑到检索的效率，在分析检索需求的基础上，有意识地使用"主＋辅＋限定"结构检索式能取得较好的检索效果。（　　）
9. 某人有意无意地在自己的论文中采用他人的观点、意见、数据或词句等，但不注明

出处,这种情况不属于抄袭或剽窃。(　　)
10. 获得专利法保护的发明创造就是专利。(　　)

（四）简答题
1. 信息资源有哪些类型？
2. 按存储内容分,目前主要有哪些类型的信息检索工具？请分别举例说明。
3. 如何选择信息检索策略？
4. 举例说明布尔逻辑运算中"逻辑与"和"逻辑或"的检索特点。
5. 简述电子图书的优缺点。

## 二、技能自测

请从"乡村振兴""文心一言""黄河流域生态系统多样化发展"中自选一个检索课题,结合教学内容和学习体会,撰写检索报告。要求：

(1) 选择明确的课题。
(2) 根据检索课题进行信息需求分析。
(3) 明确各类信息获取的渠道。
(4) 简要列出检索过程和检索结果目录。

# 学习成果实施报告

| 题 目 | | | | |
|---|---|---|---|---|
| 班 级 | | 姓 名 | | 学 号 |

**任务实施报告**

(1) 请对本项目的实施过程进行总结,反思经验与不足。
(2) 请记述学习过程中遇到的重难点以及解决过程。
(3) 请介绍本项目学习过程中探索出来的创新性方法与技巧。
(4) 请介绍利用信息检索工具参与的社会实践活动,解决的实际问题等。
(5) 请对本项目的任务设计提出意见以及改进建议。

报告字数要求为800字左右。

**考核评价(按 10 分制)**

教师评语:

**考 评 规 则**

工作量考核标准:
(1) 任务完成及时,准时提交各项作业。
(2) 勇于开展探究性学习,创新解决问题的方法。
(3) 实施报告内容真实,条理清晰,逻辑严密,表述精准。
(4) 浏览正规网站,注意网络密码保护以及网络信息安全。
(5) 积极参与相关的社会实践活动。

奖励:
　　本课程特设突出奖励学分,包括课程思政和创新应用突出奖励两部分。每次课程拓展活动记 1 分,计入课程思政突出奖励;每次计算机科技文化节、信息安全科普宣传等科教融会活动记 1 分,计入创新应用突出奖励。

## 自主创新项目

大家通过全面、准确的信息检索,不仅能够开阔视野,掌握事物最新动态及发展趋势,适时作出正确决策,还可以避免重复劳动,少走弯路,免去低水平复制所带来的损失,使各种科研、经营、生产等活动实现投入少、收效高的目的。自觉养成利用知识产权保护法等法律规范规避风险的意识,维护自身或单位(国家)的正当权益。请结合学校、专业情况和兴趣爱好,开展探究性学习,自主开发设计项目。内容主要包括项目名称、项目目标、项目分析、知识图谱、关键技能训练点、任务实施和考核评价等内容,请记录在下表中。

研讨内容可以围绕以下几点。

(1) 党的二十大报告指出:必须坚持胸怀天下,我们要拓展世界眼光,深刻洞察人类发展进步潮流,积极回应各国人民普遍关切,为解决人类面临的共同问题作出贡献,以海纳百川的宽阔胸襟借鉴吸收人类一切优秀文明成果,推动建设更加美好的世界。根据中文学术文献数据库收录的关于"人类命运共同体"主题搜索,包括检索过程和主要依据,并写出研究综述。

(2) 智慧城市是当下热门的话题,智慧交通是智慧城市有机组成部分,请利用中文数据库检索有关研究文献,分析并总结两者之间发展和研究的趋势及方向。通过对文献的分析和归纳总结出智慧交通与智慧城市的现状,写出研究报告。

(3) 我们自21世纪之初步入老龄化社会开始,养老就成了重要的社会问题,我们的社会形式和文化特点都决定了我们养老模式有着与众不同的特点。请通过文献调研,发现与分析中国养老进入21世纪后开展了哪些研究和实践,发展的趋势和现状如何,请撰写研究报告。

(4) 人工智能技术在社会中发挥着重要的作用,请通过文献检索分析,发现并总结人工智能技术的行业应用和发展趋势,写出研究报告。

(5) 在大数据时代背景下,网络数据安全面临着更加严峻的形势。如何保障网络用户的数据安全,让大数据在其中发挥自身最大的便利性?围绕这个主题,对2018年至今的中文学术文献进行调研分析,介绍该课题的研究现状;提供相关分析数据(含图表)验证自己的观点,并提交1500字以内的调研报告。

| 项目名称 | | 学时 | |
|---|---|---|---|
| 开发人员 | | | |
| 项目目标 | 知识目标： | | |
| | 能力目标： | | |
| | 素质目标： | | |
| 项目分析 | | | |
| 知识图谱 | | | |
| 关键技能训练点 | | | |
| 任务实施 | | | |
| | | | |
| 考核评价 | | | |

# 项目 3　文档处理

**项目导读**

　　文档编辑是信息化办公的重要组成部分,广泛应用于人们日常生活、学习和工作中。Word 软件具有强大的文字处理、图文混排及表格制作功能,它普遍应用于商务办公和个人文档的制作及专业的排版印刷,是一款优秀的文字处理软件。

**职业技能目标**

- 熟练掌握文档的基本编辑操作。
- 熟练掌握图文混排的技巧。
- 熟练掌握表格设计与美化的方法。
- 掌握长文档编辑的常用操作。
- 掌握邮件合并的基本用法。
- 具有一定的写作能力,能够用简洁清晰的语言描述任务实施过程。
- 具有较强的自主学习能力,在工作中能够灵活解决文档编辑的问题。

**素养目标**

- 培养学生的家国情怀。
- 培养学生坚持不懈探索的精神。
- 提升学生的自然保护、和谐发展意识。
- 培养学生精益求精的工匠精神。

**项目实施**

　　本项目通过设计我和我的祖国征文启事、个人求职简历、计划方案文档以及大学生科技创新交流会邀请函 4 个典型任务以及巩固提升任务,详细介绍了 Word 2021 软件的主要功能及其在工作和生活中的实际应用,使学生掌握独立获取文档编辑软件的实际操作技巧,培养学生的探索精神。

## 任务 3.1　设计主题征文启事

**学习目标**

　　知识目标:掌握文档的排版流程、字符和段落的格式化、插入图标、图标编辑、项目符号设置、页面设计等基本操作。

能力目标：使学生更正 Word 软件操作过程中的错误方法，能够熟练使用 Word 软件进行图文排版，提升操作效率和文档设计创新能力，并能对图文混排的文档进行分析与评价。

素养目标：培养学生的创新意识和创新能力，同时培养学生的爱国情怀和审美意识。

### 建议学时

2 学时

### 任务要求

党的二十大报告描绘了全面建设社会主义现代化国家的宏伟蓝图，我国发展取得了来之不易的新成就。

为引领广大青年学子深入学习、贯彻习近平新时代中国特色社会主义思想，深切感受祖国建设发展的巨大变化，全面展现新时代大学生的理想信念和积极奋进的精神风貌，现开展"我和我的祖国"主题征文活动。校学生会秘书处要起草一份征文启事，介绍此次活动的要求，将文稿进行适当美化设计后打印 50 份，在同学们中进行广泛宣传。

### 任务分析

设计一个文档，首先应该根据需求进行纸张设置，规划以多大的纸张完成文档设计，而不是急于进行内容的编辑。选定纸张大小后，我们再对纸张进行调整，如页边距、纸张方向等。利用 Word 软件的页面设置、输入字符、字符和段落格式化、项目符号以及图标等知识完成征文启事的编写和排版，效果如图 3-1 所示。

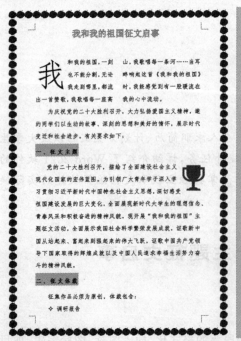
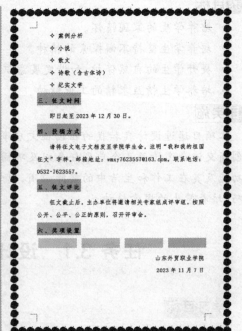

图 3-1　最终效果图

具体要求如下：
(1) 征文启事用标准 A4 纸设计打印。
(2) 标题突出，进行字符和段落美化设计，增强文字的设计感。
(3) 正文设置首字下沉和分栏效果，增加版面的活泼性。
(4) 设置项目符号，条理清晰，重点突出。

**电子活页目录**

文档格式化基础知识电子活页目录如下：
(1) 输入中文、英文、标点和特殊符号
(2) 文档格式化
(3) 格式刷
(4) 项目符号和编号
(5) 页面布局设置
(6) 打印预览以及打印设置
(7) 插入与编辑 SmartArt
(8) 插入图标

电子活页：
文档格式化
基础知识

**任务实施**

**步骤 1　编辑文稿内容**

(1) 新建文件。启动 Word 2021 程序，单击"文件"选项卡，在下拉列表中选择"新建"按钮，在"可用模板"中选择"空白文档"按钮，然后在右侧单击"创建"按钮，即可创建一个新文档。单击"保存"按钮，在"另存为"对话框中将保存文件命名为"我和我的祖国征文.docx"。

(2) 输入文字内容。根据要求构思征文启事的文本和结构，在文件中依照样例所示内容输入文字，也可以发挥自己的创意组织文本内容。文字格式为默认的"宋体、五号"。输入完毕，单击快速访问工具栏的"保存"按钮。

(3) 插入日期和时间。在文件末尾定位光标，单击"插入"选项卡，在"文本"工具组单击"日期和时间"工具，打开"日期和时间"对话框，如图 3-2 所示。选择中文样式中的"2023 年 4 月 6 日"样式，单击"确定"按钮。如果选中"自动更新"复选框，每次打开文档，都会显示当前最新的日期和时间。

**步骤 2　文稿页面布局**

(1) 设置纸张大小。单击"页面布局"选项卡，在"页面设置"工具组选择"纸张大小"工具，单击 A4，设置纸张大小为 A4(21cm×29.7cm)。

(2) 设置页边距。在"页面设置"工具组选择"页边距"工具，单击"自定义页边距"按钮，在"页面设置"对话框中将页边距设为普通型(2.54cm、2.54cm、3.18cm、3.18cm)，如图 3-3 所示。

视频：任务 3.1
页面布局设置

(3) 设置页面边框。单击"设计"选项卡，在"页面背景"工具组单击"页面边框"按钮，打开"边框和底纹"对话框，在页面边框中选择艺术型中的"苹果"，"宽度"设置为 20 磅，"应用于"设为"整篇文档"，如图 3-4 所示。

视频：任务 3.1
设置页面边框

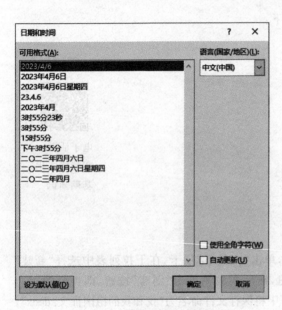

图 3-2 "日期和时间"对话框　　　　图 3-3 设置页边距

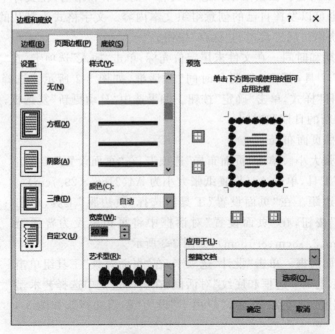

图 3-4 设置页面边框

**步骤 3　字符格式化**

(1) 拖动鼠标选择标题文字"我和我的祖国征文启事",单击"插入"选项卡,在"文本"工具组中单击"艺术字",选择任意一种渐变填充类型,如图 3-5 所示。单击艺术字将其选中,在右上角"布局选项"快捷菜单 中选择"嵌入式版式"命令,调整标题位置使其居中对齐。

视频:任务 3.1
字符和段落格式化设置

(2) 将正文文字选中,在"字体"工具中将文字设置为"仿宋,四号"。

# 我和我的祖国征文启事

图 3-5　艺术字标题

> **知识点拨**
> 
> 在"字体"对话框对字体、字号进行设置后,单击"设为默认值"按钮。每次新建的 Word 文档都会保持设定的参数,不需要再逐一手动设置。

(3) 按住 Ctrl 键并在左侧选定栏依次选中"一、征文主题""二、征文体裁"等六个段落,在"字体"工具组中将文字设置为"仿宋体、四号、加粗"。单击"字体"工具组右侧扩展按钮,打开"字体"对话框,在"高级"选项卡中设置字间距加宽 2 磅,如图 3-6 所示。

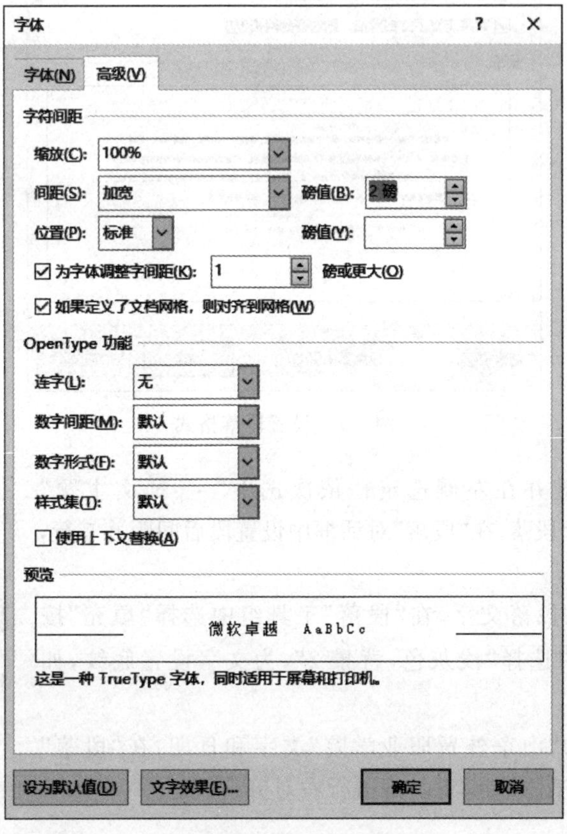

图 3-6　设置字符间距

**步骤 4** 段落格式化

(1) 将正文部分选中,在"段落"对话框中设置两端对齐、首行缩进 2 字符,1.5 倍行间距,如图 3-7 所示,单击"确定"按钮。

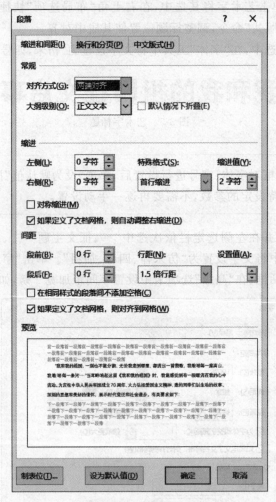

图 3-7 设置段落格式

(2) 按住 Ctrl 键并在左侧选定栏依次选中"一、征文主题""二、征文体裁"等六个段落,在"段落"对话框中设置段后间距 0.5 行,单击"确定"按钮。

(3) 保持选中的段落文字,在"段落"工具组中选择"填充"按钮 ,在主题颜色中选择"浅灰色,背景 2",为文字设置底纹,如图 3-8 所示。

(4) 选择文末的"山东外贸职业学院"文字和日期,在"段落"工具组中选择"右对齐"按钮,将段落进行右对齐设置。

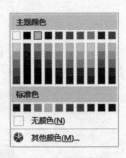

图 3-8 设置段落底纹

**步骤 5** 分栏和首字下沉设置

（1）文本分栏能够让文档版面显得更加专业，选择第一段文字，单击"页面布局"选项卡，在"页面设置"工具组中选择"分栏"按钮，打开"分栏"对话框，将该段文字内容分两栏，如图 3-9 所示。

视频：任务 3.1 分栏和首字下沉设置

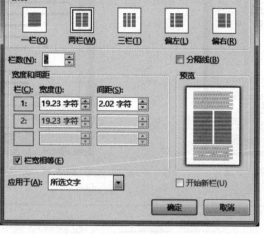

图 3-9　分栏

> **知识点拨**
>
> 　　如果分栏后栏高不相等，页面右侧出现大范围空白。这是因为 Word 分栏时，系统默认会以第一栏填满之后，才会排到第二栏，文字较少就会出现当前情况。
> 　　可以通过添加连续分节符解决，将光标放在已分栏文字的结尾，执行"页面布局"→"分隔符"→"分节符"→"连续"命令即可实现等高分栏。
> 　　图片分栏首先选中图文内容，单击"布局"→"页面设置"→"栏"按钮，选择需要的分栏样式即可。如果要将图片进行跨栏排版，则需要设置图片的环绕方式。单击"格式"→"排列"→"环绕方式"按钮，选择"上下型环绕"，图片就可以放置在页面的任意位置。

（2）将插入点定位在第一段中，单击"插入"选项卡中的"文本"工具组，单击"首字下沉"按钮，将该段文字设置为首字下沉 3 行，如图 3-10 所示。

首字下沉是一种突出段落中第一个汉字的排版方式，使文字更加醒目，别具一格，能够迅速吸引读者目光。

**步骤 6** 插入项目符号

单击"段落"工具组中的"项目符号"按钮，打开"定义新项目符号"对话框，如图 3-11 所示。选择"符号"按钮，在对话框中挑选"◆"字符，如图 3-12 所示，为征文体裁下的内容设置该类型的项目符号。

视频：任务 3.1 插入项目符号

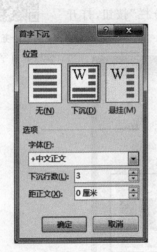

图 3-10 首字下沉

图 3-11 定义新的项目符号

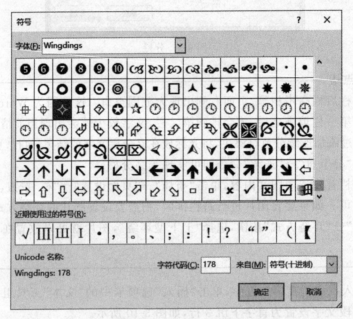

图 3-12 "符号"对话框

**步骤 7** 插入图标

(1) 将光标定位在第 2 段中,单击"插入"选项卡,在"插图"工具组中单击"图标"按钮,打开"插入图标"对话框,如图 3-13 所示。在左侧选择"庆典"类型,在右侧列表中选择奖杯图标,单击"插入"按钮,即可将该图标插入文中。

视频:任务 3.1
插入图标

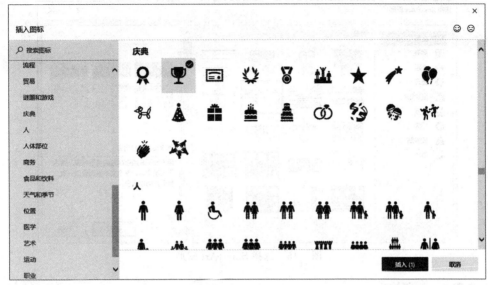

图 3-13　插入图标

（2）选择图标，在"格式"选项卡中设置图形填充为"红色"，图形效果为"预设 2"。

（3）选择图标，在"排列"工具组中选择文字环绕为"紧密型环绕"，适当调整图标位置，如图 3-14 所示。

图 3-14　文字环绕

**步骤 8**　插入 SmartArt 对象

在奖项设置段落中定位光标，单击"插入"选项卡，在"插图"工具组中单击 SmartArt 按钮，打开"选择 SmartArt 图形"对话框，选择"基本流程"样式，如图 3-15 所示，单击"确定"按钮，即可插入一个 SmartArt 对象。

视频：任务 3.1 插入 SmartArt 对象

选择 SmartArt 对象，在"SmartArt 工具"选项栏中选择"设计"选项卡，对该对象进行编辑。单击"添加形状"工具，选择"在后面添加形状"按钮，即可插入一个形状。打开"文本窗格"，输入相应文字，在"SmartArt 样式"中选择"中等效果"样式，单击"更改颜色"工具，选择"彩色"中的"彩色范围-个性色 4-6"，效果如图 3-16 所示。

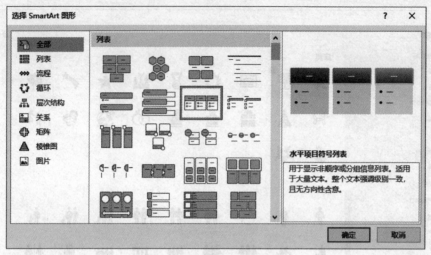

图 3-15 选择 SmartArt 图形

**步骤 9** 打印输出

在快速访问工具栏中单击"保存"按钮,然后单击"文件"选项卡,再单击"打印"按钮,首先仔细观察预览效果,确认无误后设置打印份数为 50,单面打印,如图 3-17 所示。

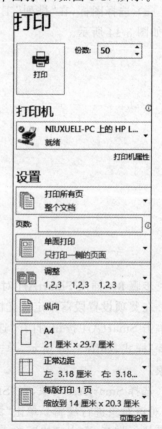

视频:任务 3.1
打印输出

图 3-16 SmartArt 图形效果

图 3-17 打印设置

项目3 文档处理

**多彩课堂**

请同学们积极参与"我和我的祖国"主题征文活动，围绕"中国心·中国魂"主题，用笔传承爱国基因，用情抒发时代感悟，使爱国、爱校、爱班意识入脑入心，家国情怀内化于心，外化于行。

**巩固提升**

下面进行社团纳新通知排版。

**1. 任务要求**

新学期伊始，校学生会本着广泛挖掘人才和"公开、公平、公正、客观"的原则，面向2024级同学公开纳新。校学生会秘书处接到任务要做一份学院社团纳新通知，介绍社团的基本情况及纳新条件和报名方式，并将通知进行适当美化处理，然后打印出来进行分发。通知要求：文稿内容编辑，进行适当的版式设计以增强设计感。正文部分条理清晰，排版美观。通过该任务，培养学生的兴趣爱好，培养学生健全的人格和良好的人际关系。

秘书处首先拟定了社团纳新内容，利用 Word 软件的页面设置、输入文字、字符和段落格式化、项目符号以及中文版式等知识完成了通知编写和排版，效果如图3-18所示。

图3-18 最终效果图

**2. 任务实施**

（1）创建 Word 新文档，保存为"学生会招贤纳士.docx"。设置纸张大小和页边距。

（2）在文档中按照样例输入通知内容，在文件末尾定位光标，插入一种样式的日期和时间，使其能够实现自动更新。

（3）为标题"通知"设置合适的字符样式和字间距，将各社团名称设置为宋体、小五、加粗，位置提升 2 磅。为"以班级为单位填好报名表上交至校团委。"段落设置着重号，对文字进行强调。

（4）将"山东外贸职业学院社团联合会招贤纳士"文字设置合适的字符样式，将"山东外贸职业学院社团联合会"做成双行合一的效果。将"招""贤""纳""士"设置带圈字符，"增大圈号"样式，增强文字的设计感。将第一段文字内容分两栏，设置首字下沉三行。将"学生社团现面向大一、大二学生招收各社团成员"文字设置下画线。

---
**知识点拨**

Word 中，单击"开始"→"带圈字符"按钮，即可启用"带圈字符"功能。Word 不仅能制作带圆圈的字符，还有三角形、菱形的带圈字符。

---

（5）为"一、社团形式与要求""二、学生社团纳新条件""三、报名方式"三个段落设置合适的字符样式，设置段前段后间距 0.5 行，设置段落底纹。

（6）插入项目符号：为"一、社团形式与要求"中的文字设置一种字符类型的项目符号。为"二、学生社团纳新条件"中的文字设置一种图片类型的项目符号。

（7）在报名流程处插入"基本流程"样式的 SmartArt 对象，设置颜色样式和美观效果。

（8）打印输出。

## 任务 3.2　设计求职简历模板

**学习目标**

知识目标：掌握插入表格，表格布局调整，表格格式设置与美化等基本操作。掌握简历制作的注意事项。

能力目标：能够进行表格框架设计与美化，能够熟练进行表格型简历的制作。学会投递简历技巧，提高求职成功率。

素养目标：培养学生独立分析问题、解决生活中实际问题的能力。启发学生个人实践能力对于求职的重要性。了解现代社会竞聘上岗的趋势，为未来走入社会奠定心理基础。

**建议学时**

2 学时

**任务要求**

设计实事求是、条理清晰的求职简历是在校大学生踏进职场的第一课，提前设计求职简历也可以让学生提前了解专业岗位需求,做好大学生活学习规划。为高职国际贸易专业三年级学生制作一份简洁而醒目的求职简历模板,凸显个人特色,在招聘会上给企业留下美好而深刻的印象。请将该简历以表格的形式清晰明了地呈现出来。

### 任务分析

简历是求职者的敲门砖,简历的好坏直接决定了是否能够进入面试环节。简历不一定非要追求形式上的与众不同,重点是凸显自身的核心技能、综合素质和岗位的适应性,简历设计要注意以下五点。

(1) 语言言简意赅。言简意赅、流畅简练、令人一目了然的简历,是对求职者工作能力最直接的反映。所以,简历应在重点突出、内容完整的前提下,尽可能简明扼要,不要陷入无关紧要的说明。多用短句,每段只表达一个意思。

(2) 简历内容真实。内容真实是简历最基本的要求。有求职者为了让公司对自己有一个好印象,往往会简历造假,但做人要以诚信为本,不能弄虚作假。

(3) 内容重点突出。招聘人员可能只花几秒钟审阅你的简历,所以要重点突出。不同的企业、不同职位、不同要求,求职者应当进行必要的分析,有针对性地设计准备简历。盲目地将一份标准版本大量拷贝,效果会大打折扣。

(4) 突出自己的技能。列出所有与求职岗位有关的技能,知识储备和实践经历,展现你的综合素质。

(5) 适当引用专业术语。引用应聘职位所需的主要技能和经验术语,使简历突出重点。例如,应聘办公室人员,要求熟悉文字处理系统;招工程师,需要懂绘图和设计软件。

简历有许多类型,文字描述型、间接表格型、精美图册型等样式,最常见的当属表格型,最终简历如图 3-19 所示。

### 电子活页目录

表格制作基础知识电子活页目录如下:
(1) 创建表格
(2) 编辑表格结构
(3) 格式化表格内容
(4) 文本与表格的转换
(5) 设置标题行重复
(6) 对表格数据进行计算

电子活页:表格制作基础知识

### 任务实施

**步骤 1** 调整文档版面

新建 Word 文档,设置纸张大小为 A4,页边距(上、下)为 2.5cm,页边距(左、右)为 3.2cm。

**步骤 2** 绘制与编辑表格

(1) 单击"插入"选项卡,在"表格"工具组中单击"表格"按钮,在"插入表格"对话框中设置如图 3-20 所示。单击"确定"按钮,即可插入一个 15 行 5 列的表格。

| 应届毕业生简历 | | | | |
|---|---|---|---|---|
| 姓名 | *** | 性别 | 女 | 2寸照片 |
| 生日 | 2004.04 | 民族 | 汉族 | |
| 籍贯 | 山东青州 | 毕业院校 | ***学院 | |
| 政治面貌 | 中共党员 | 专业 | 国际贸易 | |
| 学历 | 大专 | 邮编 | 266*** | |
| 联系电话 | 1527326**** | 电子邮件 | ***** | |
| 座右铭 | 天下难事必做于易，天下大事必做于细 | | | |
| 主要课程 | 国际贸易理论、国际经济学、世界经济概论、国际市场营销学、国际法、国际贸易实务、国际货物运输与保险、外贸函电等 | | | |
| 现地址 | 山东省青岛市巨峰路2**号 | | | |
| 英语水平 | CET-6，英语听说、写作能力良好 | | | |
| 计算机水平 | 熟练掌握Office软件操作，熟悉Internet应用和多媒体软件 | | | |
| 实习经历 | 2020.09 参加学院组织的岗位认知实习(熟悉了国际贸易专业的主要岗位)。<br>2022.06 参加学院组织的在青岛新华锦集团的生产实习(熟悉了各类商品及技术的进出口业务) | | | |
| 个人经历 | 2021—2023:在**体育部**任职，多次参与组织学院篮球赛和足球赛等活动，并任学院**啦啦队副队**，多次参加院里大型晚会，**班级组宣委员**，组织班级崂山一日游活动。<br>2020—2023:任**班级团支书**，组织多次班级活动，参加院乒乓球赛。并成功转正，成为一名正式的中共党员。<br>2021—2023:任13级**新生助理班主任**(代行班主任职责，积极耐心地做好新生的大学启蒙教育) | | | |
| 个人奖项 | 2022年获院优秀共青团员。<br>2021—2022年获校优秀学生。<br>2022年获校优秀共青团员。<br>2023年海豚杯乒乓球赛中获女单第二，混双第一 | | | |
| 自我鉴定 | 本人兴趣广泛，喜欢体育活动，多次参加乒乓球比赛和羽毛球比赛，还喜欢唱歌、读书、下棋。具备较强的逻辑思维和判断能力，对事情认真负责。独立性强，且不乏良好的团队协调和合作能力，有很强的上进心和持久的工作热情 | | | |

图 3-19 求职简历效果

(2) 调整表格框架。在建立的表格基础上选择相应的单元格，在"表格工具"选项栏中选择"布局"选项卡，在"合并"工具组中选择"合并单元格"命令，如图 3-21 所示，进一步合并单元格，调整表格框架结构。

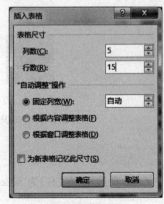

图 3-20 插入表格

图 3-21 表格合并与拆分

视频：任务 3.2 拆分单元格创建表格

也可以插入 2 列 15 行的表格,然后尝试拆分单元格创建表格框架。

(3)选择第一列单元格,按住 Ctrl 键依次选择第三列的六个单元格,在"表格工具"选项栏中选择"设计"选项卡,单击"底纹"命令,填充浅灰色底纹,使得突出和醒目。

视频:任务 3.2
填充单元格底纹

> **知识点拨**
>
> 在 Word 中插入一张表格,当该表格充满当前页时,会在当前页后面产生一个空白页。尽管在产生的空白页中只含有一个段落标记,但是无法将其删除,从而无法去掉该 Word 空白页。可以按以下步骤删除 Word 空白页:首先选中空白页中的段落标记,在菜单栏依次选择"编辑"→"全选"命令,然后在"段落"对话框中的"行距"下拉列表中选择"固定值",将"设置值"调整为 1,即可删掉空白页。

**步骤 3** 编辑简历内容

(1)输入文字,可参照样例,也可自由发挥,重点强调文字的加粗显示。

(2)在右上角单元格中插入求职者图片。

**步骤 4** 设置页眉和页脚

(1)单击"插入"选项卡,在"页眉和页脚"工具组中单击"页眉",选择"镶边"样式,输入"应届毕业生简历"。

(2)单击"转至页脚"按钮,在文档底部插入"怀旧"型样式页脚,编辑作者以及页码。

视频:任务 3.2
设置页眉和页脚

**步骤 5** 保存为模板

单击"文件"选项卡,单击"保存"按钮,在保存类型中选择"Word 模板.dotx",将文件保存为简历模板。当我们经常写某一类文档时,如调研报告、论文等,往往都有一定的格式要求,这时就可以制作一个模板,方便直接使用设定好的格式。

> **多彩课堂**
>
> 在班级内开展大学生涯规划大赛,茁壮成长于当下,蓬勃发展向未来,树立科学的择业和就业观。请同学们收集网络信息,了解所学专业的就业岗位需求,制订自己的大学规划,并且参与 MBTI 等相关性格职业测评,了解自己的职业兴趣和性格。

## 巩固提升

下面设计学生会干事档案表。

**1. 任务要求**

为加强对学生会干事的管理,信息工程系拟用 Word 软件制作学生会干事档案表,学生会成员填写后需留档保存。通过该任务锻炼学生的工程思维、策划、创新和方案转化能力,从而提升学生的实践创新能力,档案表效果如图 3-22 所示。

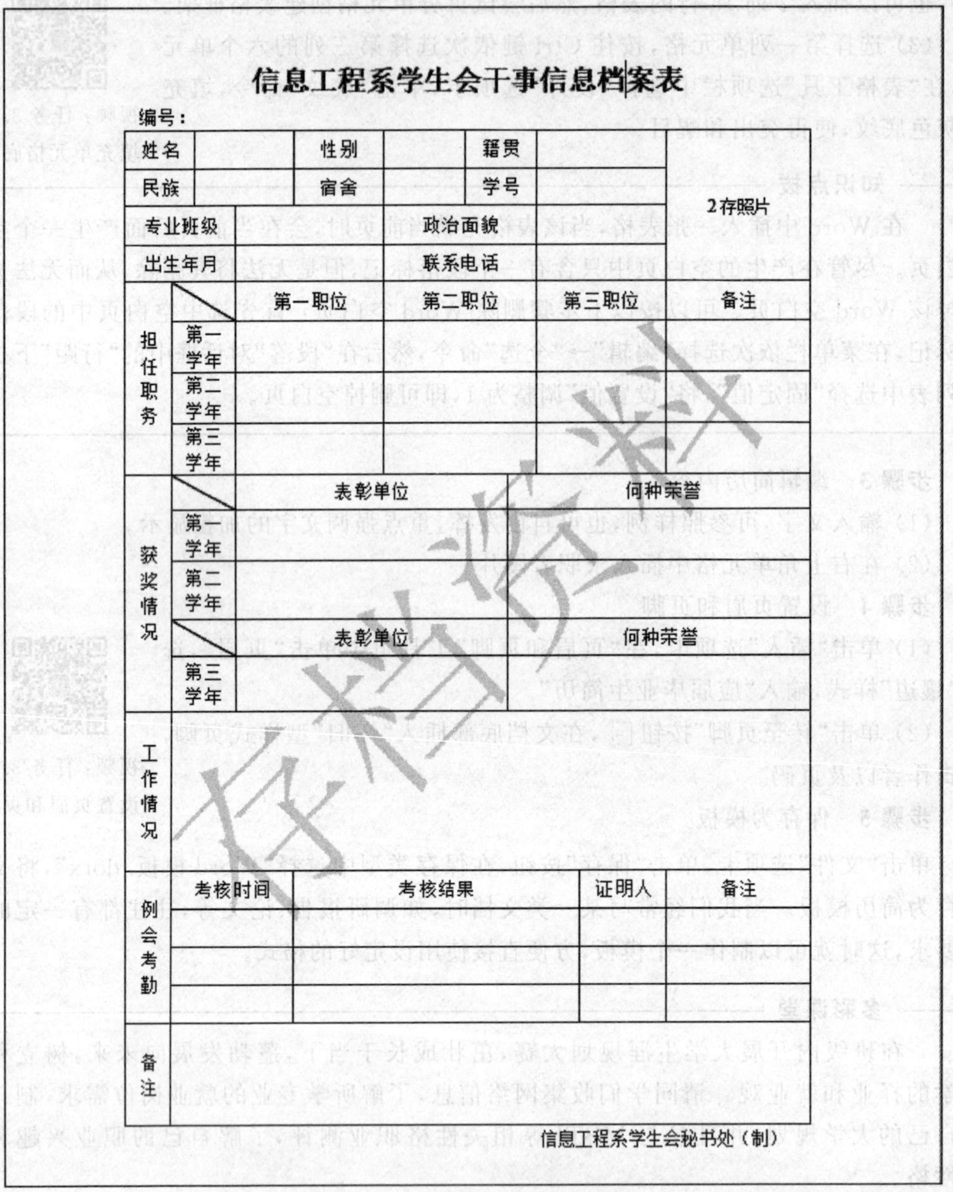

## 信息工程系学生会干事信息档案表

| 编号： | | | | | | | |
|---|---|---|---|---|---|---|---|
| 姓名 | | 性别 | | 籍贯 | | | |
| 民族 | | 宿舍 | | 学号 | | 2存照片 | |
| 专业班级 | | | | 政治面貌 | | | |
| 出生年月 | | | | 联系电话 | | | |
| 担任职务 | | 第一职位 | | 第二职位 | | 第三职位 | 备注 |
| | 第一学年 | | | | | | |
| | 第二学年 | | | | | | |
| | 第三学年 | | | | | | |
| 获奖情况 | | 表彰单位 | | | | 何种荣誉 | |
| | 第一学年 | | | | | | |
| | 第二学年 | | | | | | |
| | | 表彰单位 | | | | 何种荣誉 | |
| | 第三学年 | | | | | | |
| 工作情况 | | | | | | | |
| 例会考勤 | 考核时间 | | 考核结果 | | 证明人 | | 备注 |
| | | | | | | | |
| | | | | | | | |
| | | | | | | | |
| 备注 | | | | | | | |

信息工程系学生会秘书处（制）

图 3-22 学生会干事信息档案效果图

**2. 任务实施**

(1) 新建 Word 文档。
(2) 绘制表格框架，通过合并和拆分单元格调整表格结构。
(3) 通过线段在单元格内绘制斜线表头。
(4) 输入文字，设置上、下、左、右都居中。
(5) 在"设计"选项卡中设置文字水印效果。

## 任务 3.3　长文档排版

**学习目标**

知识目标：掌握长文档的快速编辑技巧，了解样式和模板的应用，了解节的运用、页眉和页脚的设置及文档目录的生成方法。

能力目标：通过快速高效地编排出高质量的长文档，提高办公效率和排版水平，养成条理化编辑文档的习惯。

素养目标：培养对工作精益求精的工作态度。启发学生对人与自然关系的探索，深化学生对人类命运共同体的认识，加深对绿色生活方式和可持续发展战略的认同。

**建议学时**

4 学时

**任务要求**

党的二十大报告指出："中国式现代化是人与自然和谐共生的现代化"。为了深入学习党的二十大文件精神，尊重自然、顺应自然、保护自然，站在人与自然和谐共生的高度谋划发展。我们从互联网上收集了"碳排放达峰行动计划（2021—2025 年）.docx"的文档，请秘书处整理该文档，并保存成 PDF 文档打印输出。进行排版整理后效果如图 3-23 所示。

图 3-23　设计效果截图

---

**多读善思**

**碳达峰、碳中和**

气候变化是人类共同面临的全球性问题，随着各国二氧化碳排放，温室气体猛增，对地球的生命系统形成威胁。2020 年 9 月，中国在联合国大会上向世界宣布了 2030 年前实现碳达峰、2060 年前实现碳中和的目标。党的二十大报告指出"积极稳妥推进碳达峰碳中和"。实现碳达峰、碳中和是一场广泛而深刻的经济社会系统性变革。

那么，什么是碳达峰、碳中和呢？碳达峰是指在某一个时点，二氧化碳的排放不再增长，不能达到峰值，之后逐步回落。碳中和是指企业、团体或个人测算在一定时间内直接或间接产生的温室气体排放总量，通过植树造林、节能减排等形式，以抵消自身产生的二氧化碳排放量，实现二氧化碳"零排放"。

请大家收集身边的案例，深入思考我们能为实现碳达峰、碳中和目标做什么？让我们携手同行，积极行动起来，从自己做起，从小事做起，践行绿色低碳的环保理念，为碳达峰、碳中和目标作出贡献！

### 任务分析

长文档排版是 Word 编辑的难点,几十甚至上百页的文档内容,经常让人手忙脚乱。文字是传递信息的一种重要途径,一篇文档无论撰写得多么华丽精彩,如果文字密密麻麻,版面缺乏条理、层次和结构等,就没有呼吸感,会让读者感到不适。长文档排版要求条理清晰,格式严谨。

排版长文档时,我们面临的问题主要有内容多、页码长、层级多、结构乱等。那么要解决的问题就是如何快速定位、快速排版,以及如何查看有无错别字。

制作长篇文档排版时,一般分为几个步骤。

(1) 设置页面布局。
(2) 制作封面。
(3) 设计表格及图表。
(4) 为标题段落应用样式。
(5) 设置目录。
(6) 设置页眉页脚。

### 电子活页目录

长文档排版基础知识电子活页目录如下:
(1) 查找与替换功能的使用
(2) 书签与定位功能
(3) Word 的视图方式
(4) 插入分页、分节符
(5) 插入脚注、尾注和批注
(6) 插入数学公式
(7) 模版的应用
(8) 样式
(9) 创建目录

电子活页:长文档排版基础知识

### 任务实施

**步骤 1  页面设置**

(1) 纸张大小和页边距。打开素材文件"碳排放达峰行动计划(2021—2025).docx"。单击"布局"选项卡,在"页面设置"工具组中单击"纸张大小"按钮,选择 16 开(18.4cm×26cm)。

在"页面设置"工具组中单击"页边距"按钮,选择"自定义页边距",上边距设为 3cm,下边距设为 3cm,左、右页边距均设为 2.5cm。

(2) 利用查找和替换功能将文档中的西文空格全部删除。在"段落"工具组中单击"显示/隐藏编辑标记"按钮,先把文中的空格等符号都显示出来。

视频:任务 3.3 查找和替换功能

首先选择空格进行复制,然后单击"编辑"工具组中的"替换"按钮,打开"查找和替换"对话框,如图 3-24 所示。在"查找内容"编辑框中右击,选择"粘贴"命令,单击"全部替换"按钮,则文中所有的西文空格全部被删除。

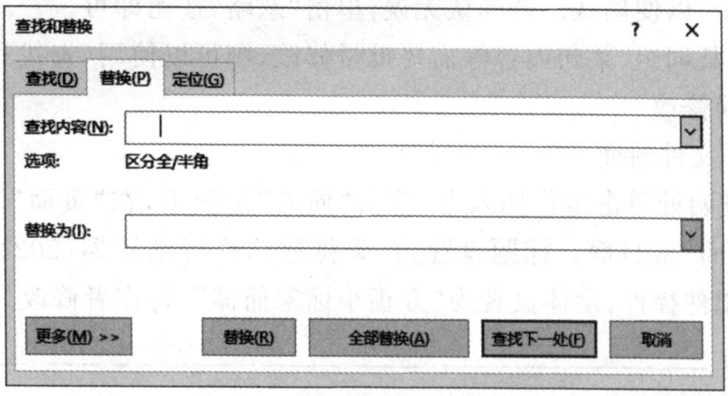

图 3-24 "查找和替换"对话框

(3) 利用查找和替换功能将文档中的手动换行符全部替换。

在"开始"选项卡中单击"编辑"工具组中的"替换"按钮,打开"查找和替换"对话框,单击左下角"更多"按钮。在"查找内容"编辑框中单击,然后单击"特殊格式"按钮,选择"手动换行符",设置如图 3-25 所示。单击"全部替换"按钮,则文中所有的手动换行符全部被替换成段落标记。

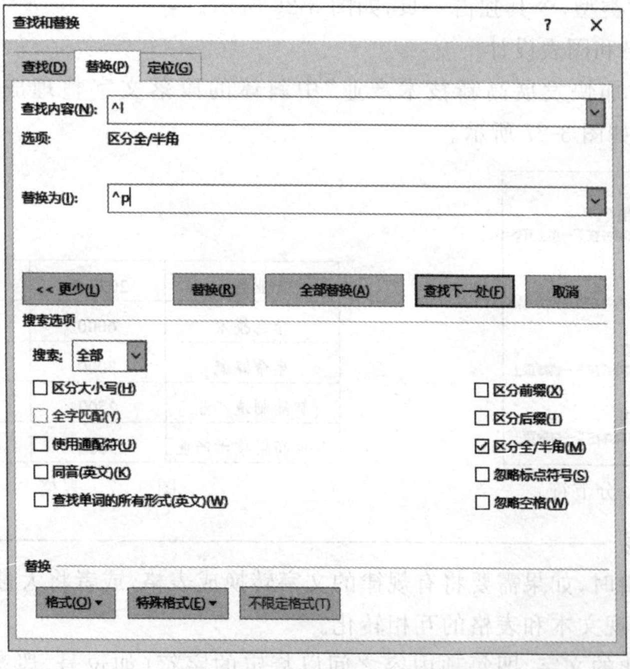

图 3-25 替换手动换行符

(4) 选择报告标题,将其设置为"微软雅黑、二号、居中对齐"。配合 Shift 键,将正文部分选中,设置文字为"仿宋体、三号、左对齐,首行缩进 2 字符,段落间距为固定值 32 磅"。

（5）将文中所有的 gdp 统一替换为 GDP。

（6）文档中如果有错别字或是语法错误时，文字下方会出现波浪线进行提示。单击"审阅"→"拼写和语法"按钮，打开"编辑器"，在编辑器中会对有拼写及语法错误、错字、漏字等内容进行提示，以便确认。若确认无误，单击"忽略"按钮即可。

如果是某字、某词组、某句内容等需要批量修改，则可以使用"查找和替换"功能，一次性对全文进行替换修改。

**步骤 2** 设计文件封面

（1）在文档开始处单击定位插入点，单击"插入"选项卡，在"页面"工具组中单击"封面"工具，插入"平面"型封面。标题设置为"碳排放达峰行动计划（2021—2025 年）"。删除副标题和电子邮件控件，字体设置为"方正小标宋简体"，将作者修改为自己的姓名。

> **知识点拨**
>
> 小标宋体字是《国家行政机关公文格式》中规定的标准字体，用于政府文件中的发文机关标识、公文标题和主题词词目。其中，方正小标宋体是一种符合该标准的字体，该字体细节清晰、笔画流畅、字形结构紧凑，具有良好的可读性和美观性。在 Windows 系统中没有默认安装，可以在网上下载使用（商用需购买）。

（2）正文共包括三部分内容，在正文和每一大部分前定位光标，将文档分为四节。单击"布局"选项卡，在"页面设置"工具组中单击"分隔符"按钮，插入分节符，选择"下一页"类型，令其独占一页，如图 3-26 所示。

**步骤 3** 表格和图表设计

（1）将标题"加快发展高新技术产业"中斜体的段落文字整理成 6 行 3 列的表格，如图 3-27 所示。

视频：任务 3.3 表格和图表设计

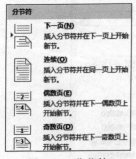

图 3-26　分节符

单位：亿元

| 产业类型 | 2023 年 | 2025 年 |
|---|---|---|
| 信息技术 | 6000 | 8000 |
| 生命健康 | 3000 | 4000 |
| 智能制造产业 | 2500 | 4000 |
| 其他高新技术产业 | 9000 | 12000 |

图 3-27　表格

> **知识点拨**
>
> 在文档编辑时，如果需要将有规律的文字转换成表格，或者将大量的表格梳理成文字，以快速实现文本和表格的互相转化。
>
> 对于规范化的文字，即每项内容之间以特定的字符（如逗号、段落标记、制表位等）间隔，可以将其转换成表格。在"表格"工具组中单击"表格"→"插入表格"按钮，选择"文本转换成表格"工具，打开"将文本转换成表格"对话框，可以将文字转换为表格。

(2)选择该表格,在表格工具中选择"设计"选项卡,在"表格样式"工具组中单击"网格表6彩色-着色5",为表格应用一种样式,使其更加美观。

(3)在表格后插入合计行,输入文字"合计"。在第二个单元格中单击"表格工具"中的"布局"选项卡,单击"公式"按钮,打开"公式"对话框,如图3-28所示。计算出合计行的数据。

(4)在表格下方定位插入点,单击"插入"选项卡,在"插图"工具组中单击"图表"按钮,打开"插入图表"对话框,选择"组合图",单击"确定"按钮,即可插入一个组合图表,如图3-29所示。在Excel编辑状态下将三列数据复制到其中,基于该表格数据生成一个堆积面积图和簇状柱形图,用于反映高新技术产业产值预测变化。

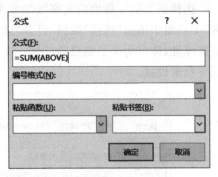

图3-28 "公式"对话框

图3-29 组合图表

> **知识点拨**
>
> 使用Office各个组件协同操作可以大大提高工作效率。在Word中的图表能够满足Excel中图表的一切可编辑条件,标题及标签等内容、位置都可以调整。图表中的源数据变化会实时显示在图表上。

(5) 选择该图表,右击并将其布局设置为"紧密型"。

**步骤 4** 超链接设置

选择正文第一段中的文字"《2030年前碳达峰行动方案》",单击"插入"选项卡,在"链接"工具组中单击"链接"按钮,打开"插入超链接"对话框,如图3-30所示。在地址栏输入链接地址,即可为文字创建超链接。文字颜色改为蓝色。超链接文字的颜色可以通过主题颜色来设置。

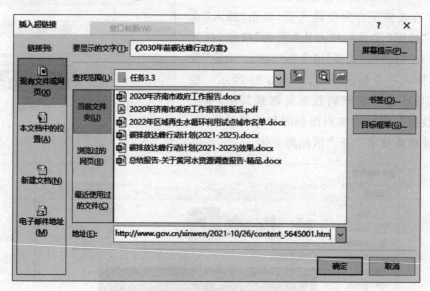

图3-30 "插入超链接"对话框

---

**知识点拨**

快捷键快速定位法如下。

Home:光标移动到所在的行首。

End:光标移动到所在的行尾。

Ctrl+Home:光标移到文档的开头。

Ctrl+End:光标移到文档的结尾。

Page up:光标向上移动一屏。

Page down:光标向下移动一屏。

---

**步骤 5** 添加脚注

为"国家近零碳排放区示范工程"文字添加脚注,内容为:"近零碳排放区示范工程是指在一定区域范围内,通过产业、能源、交通、建筑、消费、生态等多领域技术措施的集成应用和管理机制的创新实践,实现区域内碳排放快速降低并逐步趋近零的综合性示范工程。"

**步骤 6** 设置页眉和页码

(1) 在正文节中定位光标,单击"插入"选项卡,在"页眉和页脚"工具组中单击"页眉"按钮,单击内置的空白样式,为正文部分添加页眉。

为封面和正文设置不同的页眉。单击"导航"工具组中的"链接到前一条页眉"按钮，取消第一节和第二节的奇数页和偶数页的关联关系，勾选"奇偶页不同"选项，如图 3-31 所示。输入页眉内容为文档标题"碳排放达峰行动计划（2021—2025 年）"。其中奇数页眉单击"段落"工具组中的居右对齐，偶数页眉单击"段落"工具组中的居左对齐。除封面页和目录页外，正文部分页眉设置完毕。

图 3-31　页眉和页脚

（2）封面页不设置页码，目录页和正文页设置不同的页码。

（3）在第二节正文部分页眉双击，单击"链接到前一条页眉"按钮，分别取消第二节和第一节奇数页和偶数页的关联关系。在"页眉和页脚"工具组中单击"页码"按钮，单击"设置页码格式"按钮，打开"页码格式"对话框。选择编号类型为阿拉伯字母，起始页码为 1。单击"页码"按钮，选择页面底端中间位置，即可为正文部分设置连续的页码。

**步骤 7**　设置样式

（1）在文中选择一处绿色字体的文字，在"编辑"工具组中单击"选择"按钮，并选择"选择格式相似的文本"，即可将所有绿色字体选中。然后单击"开始"选项卡中的样式库，单击"标题 1"样式，将文档中以"一""二"等开头的段落设为"标题 1"样式。

视频：任务 3.3
样式及生成目录

（2）在文中选择一处蓝色字体的文字，选择"选择格式相似的文本"，即可将所有蓝色字体选中。然后单击"开始"选项卡中的样式库，单击"标题 2"样式，将文档中以"（一）""（二）"等开头的段落设为"标题 2"样式。

（3）在文中选择一处紫色字体的文字，选择"选择格式相似的文本"，即可将所有紫色字体选中。然后单击"开始"选项卡中的样式库，单击"标题 3"样式，将文档中以"（一）""（二）"……开头的段落设为"标题 2"样式。以 1、2 等开头的段落设为"标题 3"样式。

**步骤 8**　设置文档结构

单击"视图"选项卡，在"文档视图"工具组中单击"大纲视图"，文档切换至大纲视图，如图 3-32 所示。在"大纲工具"中设置本论文中的各级标题的级别，建议设置三个级别，设置完成后单击"关闭大纲视图"按钮，切换回页面视图。

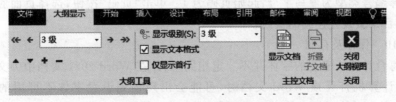

图 3-32　大纲视图

**步骤 9** 目录设置

(1) 在文档第二页(第一页为封面)中定位插入点,输入"目录"字符,设置字符格式为"宋体、四号、加粗,字符间距加宽 5 磅",然后按 Enter 键。单击"引用"选项卡,在"目录"工具组中单击"目录"→"自定义目录…"按钮,打开"目录"对话框,如图 3-33 所示,设置"显示级别"为 3,勾选"显示页码"选项和"页码右对齐"选项,即可生成该文档的目录,目录包含标题第 1~3 级及对应页号。

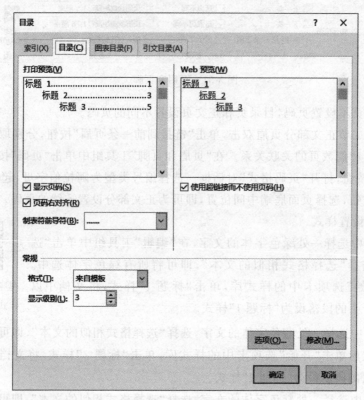

图 3-33 "目录"对话框

(2) 在目录页末尾定位光标,在"页面设置"工具组中单击分隔符工具,插入分节符,选择"下一页"类型,目录独占一页,效果如图 3-34 所示。

(3) 在目录页中定位光标,双击页眉区域,进入页眉和页脚编辑状态。单击"链接到前一条页眉"按钮,分别取消第二节和第一节奇数页和偶数页的关联关系。在"页眉和页脚"工具组中单击"页码"按钮,单击"设置页码格式"按钮,打开"页码格式"对话框,如图 3-35 所示。选择编号类型为罗马字母,起始页码为 1。单击"页码"按钮,选择页面底端中间位置,即可为目录页设置连续的页码。

**步骤 10** 保存及存储

由于每台计算机安装的字体并不一定相同,因此在 Word 2021 文档中为文本设置字体后,更换计算机打开该 Word 文档时,可能会出现预先设置字体不可用的情况。在 Word 文档中嵌入使用的字体则可以解决该问题,选择"文件"→"选项"命令,在打开的

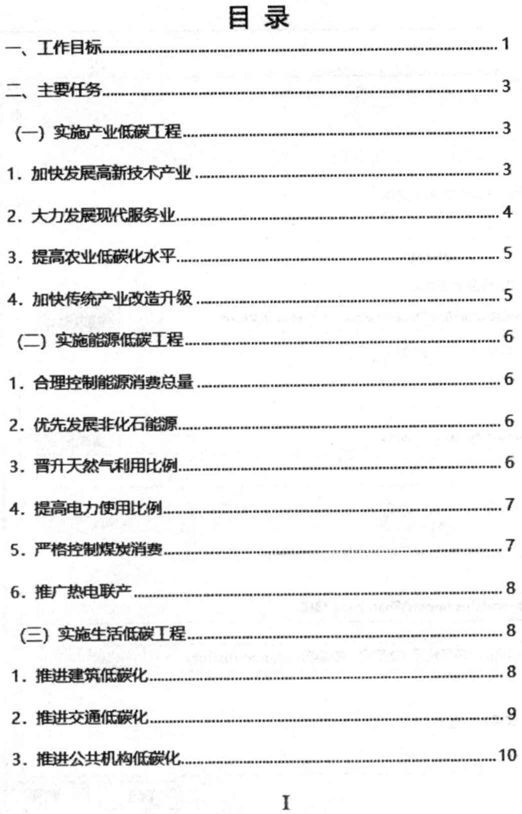

## 目 录

一、工作目标 .................................................. 1
二、主要任务 .................................................. 3
  （一）实施产业低碳工程 ...................................... 3
    1. 加快发展高新技术产业 ................................... 3
    2. 大力发展现代服务业 ..................................... 4
    3. 提高农业低碳化水平 ..................................... 5
    4. 加快传统产业改造升级 ................................... 5
  （二）实施能源低碳工程 ...................................... 6
    1. 合理控制能源消费总量 ................................... 6
    2. 优先发展非化石能源 ..................................... 6
    3. 晋升天然气利用比例 ..................................... 6
    4. 提高电力使用比例 ....................................... 7
    5. 严格控制煤炭消费 ....................................... 7
    6. 推广热电联产 ........................................... 8
  （三）实施生活低碳工程 ...................................... 8
    1. 推进建筑低碳化 ......................................... 8
    2. 推进交通低碳化 ......................................... 9
    3. 推进公共机构低碳化 .................................... 10

I

图 3-34 目录效果图

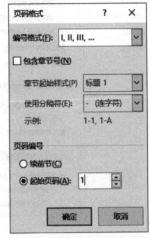

图 3-35 "页码格式"对话框

"Word 选择"对话框中选择"保存"选项卡，在"共享该文档时保留保真度"选项区勾选"将字体嵌入文件"复选框，如图 3-36 所示。单击"保存"按钮，将完成排版的文档以原文件名保存。

为防止不同的软件打开文档时发生文字排版错乱，单击"另存为"按钮，选择合适的位置，在保存类型中选择 PDF 格式，将生成一份同名的 PDF 文档。

---

**多彩课堂**

以"节能减排，低碳出行"为主题开展演讲比赛，推进当代大学生深入学习、宣传、贯彻生态文明思想，提高节能生活意识，传播生态文明知识，开展生态文明实践。

---

**巩固提升**

下面设计智能家电产品说明书。

**1. 任务要求**

智能家居是以住宅为平台，具备建筑设备、网络通信、信息家电和设备自动化功能，可以创造集系统、结构、服务、管理为一体的高效、舒适、安全、便利、环保的居住环境。智能家居在保持传统居住功能的基础上，摆脱了被动模式，成为智能化现代工具。

海尔集团研发了一款 TAB-T750B 扫地机器人（玛奇朵 M3），该产品专注于室内卫生

图 3-36　嵌入字体

清洁。为了进行市场推广,让用户了解智能扫地机器人的工作原理、特性、优势、使用注意事项等信息,市场部要在参考文字和图片的基础上,为该型号的产品编写一份产品说明书。说明书设计要求如下:封面设计简洁美观,内容条理清晰,将公司 Logo、产品型号、产品图片等元素进行图文混排设计。

经过市场部团队的反复研讨,最后利用 Word 的相关技术设计完成,产品说明书设计效果如图 3-37 所示。

---

**多读善思**

### 物联智能家居,让生活变得更简单

互联网技术早已进入我们的生活,使我们的生活更加舒适、便捷。大多数联网设备可以通过相关联的语音助手进行控制,部分智能家居设备甚至可以自行管理家庭,通过网络自动完成相应的任务。

智能家居是家中的设备物联化的体现,智能家居通过物联网技术家中的各种设备连接在一起,实现家庭自动化。这些现代系统可以与手机和计算机进行交互,通过物联网管理为客户进行有效的实时服务。由于物联网的连通性不受地点的限制,所以家中的所有设备都可以进行无缝通信,从而方便人们生活。

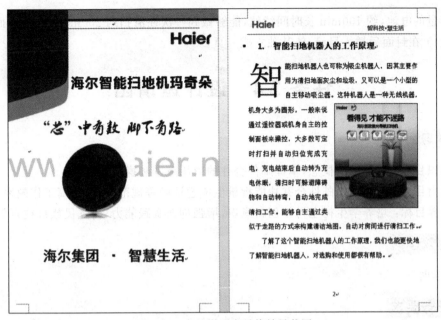

图 3-37　产品说明书最终效果截图

**2. 任务实施**

(1) 新建 Word 文件,保存文档为"产品说明书.docx"。将提供的记事本文档的文字素材复制到产品说明书文件中。

① 将正文各段落文字设置宋体、小五。

② 将每段首行缩进 2 字符,行间距设置为固定值 20 磅。

(2) 设置纸张大小为 A6。上下页边距设为 0.5cm,左右页边距均设为 1cm。

(3) 在文档开头插入封面。将形状、图片和文字等元素融合在封面设计中。

① 在封面上自选图形作为修饰元素。

② 在封面插入提供的玛奇朵 M3 素材图片,设置一种适当的图片格式。

③ 依照封面样式插入文字。将"'芯'中有数 脚下有路"设置为叶根友毛笔行书字体。

(4) 将海尔集团的网址(http://www.haier.net/cn/)作为文档的文字水印。

(5) 在正文部分插入页眉和页脚,在页眉处添加 Haier 集团的 Logo 图片以及"智科技•慧生活"文字。在页面底端中间位置输入阿拉伯数字页码。封面及目录页不设置页眉、页脚。

(6) 将第一自然段设置首字下沉效果。在该段插入提供的图片,设置为"紧密型环绕"版式,添加黑色细线边框。

(7) 将"玛奇朵 M3 的产品参数"段落文字直接转换成表格,为表格应用适当的表格样式。单元格中的文字设置为水平垂直居中。

(8) 将"扫地机器人玛奇朵 M3 的产品优势"段落正文分成两栏,设置分隔线。插入提供的素材图片,设置合适的图片样式。

(9) 在"5. 使用注意事项"中设置适当的项目符号。

(10) 在"关于扫地机器人电池保养"处插入脚注,脚注内容为"采用的是 3200mA•h

超大容量的电池,约100min长时间续航,能够做到一次性清扫约200m$^2$的户型地面"。

(11) 在封面后插入目录,使其独立成一页。

## 任务 3.4　设计邀请函

### 学习目标

知识目标:了解域的概念,掌握邮件合并的应用范围和操作步骤。

能力目标:能够利用邮件合并功能批量生成邀请函等规范文档,提高工作效率。

素养目标:培养学生树立科技创新意识,增强创新实践能力,树立民族科技自信心。

### 建议学时

2学时

### 任务要求

党的二十大报告指出:"加强企业主导的产学研深度融合,强化目标导向,提高科技成果转化和产业化水平。"科技创新有利于培养学生的创新精神、创新意识和创新能力,有利于促进学生学习的自主性,促进专业课学习,增强大学生科技创新能力,对学风建设有重要的促进作用。山东某高校学生会计划举办"大学生科技创新交流会"活动,邀请行业专家做报告。学生会需要制作一批邀请函,分别递送给相关专家和老师。

### 任务分析

在平时工作中,我们经常要批量制作一些主要内容相同,只是部分数据有变化的文件,比如成绩单、邀请函、名片等,如果一个个制作,会浪费大量时间。可以利用Word的邮件合并功能,帮助我们快速批量生成文件,不仅操作简单,而且还可以设置各种格式、打印效果又好,可以满足许多客户不同的需求。邮件合并是一种常用的办公功能,能够使发送给多人的同一封邮件各不相同。包括信封、标签、套用信函、邮件、传真及有编码的打折券等文档,都可以利用邮件合并功能来批量制作。

完成邀请函的制作,请注意以下几点。

(1) 内容符合邀请函的要求。

(2) 调整邀请函中内容文字的字体、字号和颜色;文字段落对齐方式要统一。

(3) 首先制作数据源(Excel电子表格、数据库等)和Word文档模板,用邮件合并功能可以快速合成并打印。制作完成后的效果图如图3-38所示。

### 电子活页目录

邮件合并基础知识电子活页目录如下:

(1) 邮件合并的应用领域

(2) 邮件合并原理

电子活页:邮件
合并基础知识

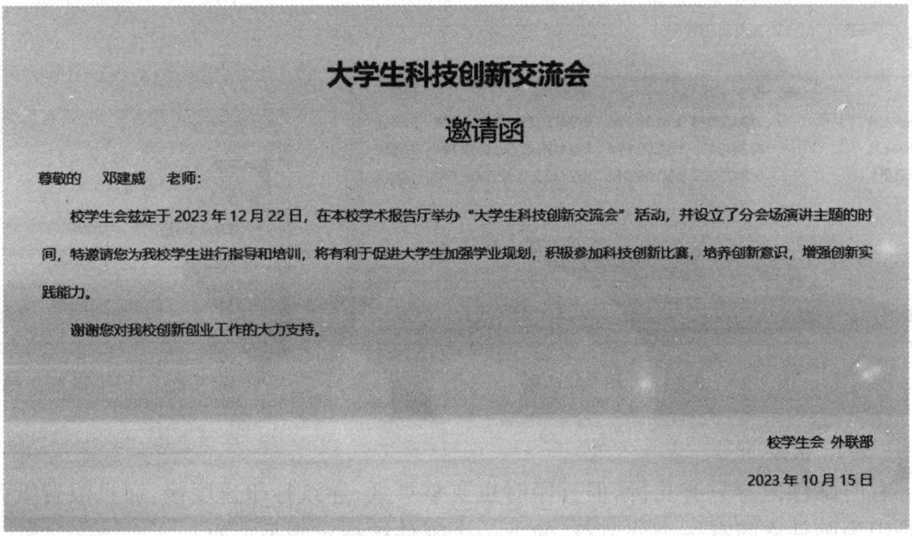
大学生科技创新交流会

邀请函

尊敬的　邓建威　老师：

校学生会兹定于 2023 年 12 月 22 日，在本校学术报告厅举办"大学生科技创新交流会"活动，并设立了分会场演讲主题的时间，特邀请您为我校学生进行指导和培训，将有利于促进大学生加强学业规划，积极参加科技创新比赛，培养创新意识，增强创新实践能力。

谢谢您对我校创新创业工作的大力支持。

校学生会 外联部

2023 年 10 月 15 日

图 3-38　邀请函效果截图

(3) 邮件合并过程

(4) Word 中的域及其应用

(5) 宏的创建与应用任务实施

## 任务实施

**步骤 1**　页面设置

(1) 新建 Word 空白文档。

(2) 单击"页面布局"选项卡，然后单击"纸张大小"按钮，设置纸张高度为 18 厘米，宽度为 30 厘米。单击"页边距"按钮，设置上下边距为 2 厘米，左右边距为 3 厘米。

**步骤 2**　输入邀请函内容，进行格式美化

(1) 将标题文字"大学生创新创业交流会"设置为微软雅黑、一号、蓝色，居中对齐，段前 2 行，段后 1 行。

(2) "邀请函"设置为微软雅黑、二号、黑色，居中对齐，段后 0.5 行。

(3) 正文文字设置为微软雅黑、小四号、黑色，首行缩进 2 字符，行间距为 1.5 倍。

(4) 落款文字设置为微软雅黑、小四号、黑色，行间距为 1.5 倍，右对齐。

**步骤 3**　邮件合并

(1) 单击"邮件"选项卡，在"开始邮件合并"工具组中单击"信函"按钮。

(2) 单击"选择收件人"→"使用现有列表"按钮，打开"选择表格"对话框，如图 3-39 所示。

视频：任务 3.4 邮件合并

(3) 在"尊敬的"文字后定位插入点，单击"插入合并域"按钮，选择"姓名"，将域插入到合适的位置。

(4) 单击"预览结果"按钮，预览邮件合并后的结果。单击"完成并合并"按钮，选择"编辑单个文档"，打开"合并到新文档"对话框，如图 3-40 所示，选择"全部"单选按钮，单击"确定"按钮，生成信函 1。

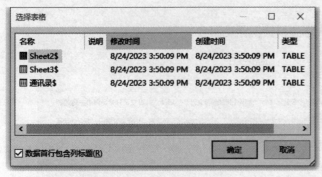
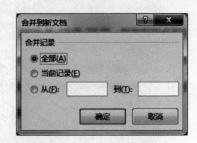

图 3-39 "选择表格"对话框　　　　　图 3-40 合并到新文档

---

**知识点拨**

有时邮件内容只有几行,但打印时也要整页纸,导致打印速度慢,而且浪费纸张。这是因为邮件之间有一个分节符,使下一个邮件被指定到另一页。

此问题的解决方法是将数据合并到新建文档,在新建文档中利用 Word 的查找与替换命令把分节符全部替换成人工换行符,这样就可以在一张纸上打印好多份邮件内容。

---

**步骤 4　页面美化**

单击"页面布局"选项卡,在"页面背景"工具组中单击"页面颜色"→"填充效果"按钮,如图 3-41 所示。将"背景图片.jpg"设置为邀请函背景。

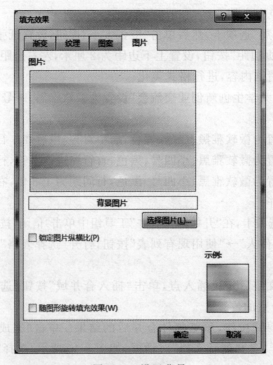

图 3-41 设置背景

> **多彩课堂**
>
> 新一代信息技术发展日新月异,各行业在面临产业升级,请同学们结合所学的学科专业,组织开展本行业发展前沿的科技创新研讨会。

## 巩固提升

下面制作创新产品说明会邀请函。

**1. 任务要求**

某公司将于今年举办“创新产品展示说明会”,市场部助理王浩需要将会议邀请函制作完成,并寄送给相关客户。设计完成后效果如图 3-42 所示。

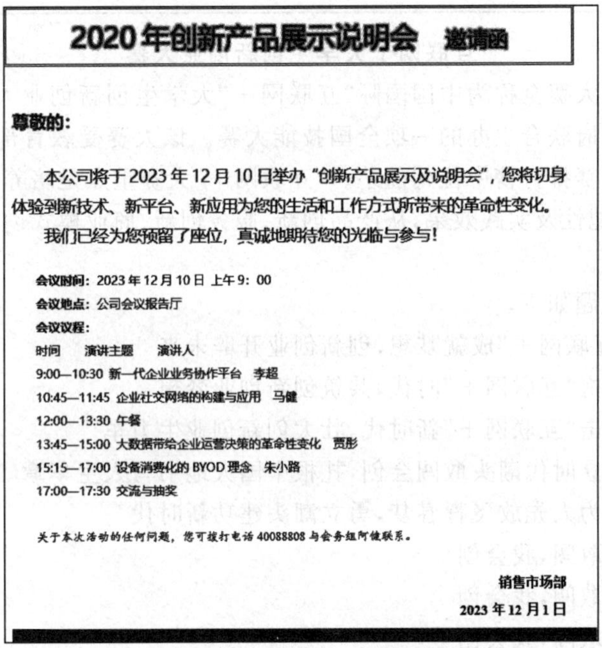

2020 年创新产品展示说明会 邀请函

尊敬的:

本公司将于 2023 年 12 月 10 日举办“创新产品展示及说明会”,您将切身体验到新技术、新平台、新应用为您的生活和工作方式所带来的革命性变化。

我们已经为您预留了座位,真诚地期待您的光临与参与!

会议时间:2023 年 12 月 10 日 上午 9:00

会议地点:公司会议报告厅

会议议程:

时间 演讲主题 演讲人

9:00—10:30 新一代企业业务协作平台 李超

10:45—11:45 企业社交网络的构建与应用 马健

12:00—13:30 午餐

13:45—15:00 大数据带给企业运营决策的革命性变化 贾彤

15:15—17:00 设备消费化的 BYOD 理念 朱小路

17:00—17:30 交流与抽奖

关于本次活动的任何问题,您可拨打电话 40088808 与会务组阿健联系。

销售市场部

2023 年 12 月 1 日

图 3-42 邀请函设计截图

**2. 任务实施**

(1) 将文档中“会议议程:”段落后的 7 行文字转换为 3 列 7 行的表格,并根据窗口大小自动调整表格列宽。

(2) 为表格套用一种表格样式,使表格更加美观。

(3) 为了可以在以后的邀请函制作中再利用会议议程内容,将文档中的表格内容保存“表格”部件库,并将其命名为“会议议程”。

(4) 在文档末尾处的日期调整为可以根据邀请函生成日期而自动更新的格式,日期格式显示为“2023 年 12 月 1 日”。

(5) 在“尊敬的”文字后面插入拟邀请的客户姓名和称谓。拟邀请的客户姓名在提供的“通讯录. xlsx”文件中,客户称谓则根据客户性别自动显示为“先生”或“女士”,如“范俊弟先生”“黄雅玲女士”。

---
**知识点拨**

在需要插入尊称的位置单击"插入合并域"按钮,在"插入合并域"对话框中选择"If…Then…Else"选项,然后按照提示设置相关条件和内容。

---

(6) 每个客户的邀请函占一页内容,且每页邀请函中只能包含一位客户姓名,所有的邀请函页面另外保存在一个名为"Word 邀请函.docx"的文件中。如果需要,删除"Word 邀请函.docx"文件中的空白页面。

(7) 本次会议邀请的客户均来自台资企业,因此,将"Word 邀请函.docx"中的所有文字内容设置为繁体中文格式,以便于客户阅读。

(8) 文档制作完成后,分别保存主文档和"Word 邀请函.docx"文件。

---
**多读善思**

**互联网+大学生创新创业大赛**

"互联网+"大赛全称为中国国际"互联网+"大学生创新创业大赛,是由教育部等部门与地方政府联合主办的一项全国技能大赛。该大赛受教育部认可,在全国普通高校大学生竞赛排行榜中位列前茅。"互联网+"大赛重点是培养学生创新创业能力,注重项目落地性及实践效果,从产品创新、服务创新、商业模式创新等方面着手开展创新创业实践。

各届大赛主题如下。

第一届:"互联网+"成就梦想,创新创业开辟未来

第二届:拥抱"互联网+"时代,共筑创新创业梦想

第三届:搏击"互联网+"新时代,壮大创新创业生力军

第四届:勇立时代潮头敢闯会创,扎根中国大地书写人生华章

第五届:敢为人先放飞青春梦,勇立潮头建功新时代

第六届:我敢闯,我会创

第七届:我敢闯,我会创

第八届:我敢闯,我会创

---

# 项 目 小 结

通过征文启事、个人求职简历、长文档排版和邀请函设计四个任务的制作,初步掌握图文混排作品的整体设计思路与基本制作方法,掌握了长文档排版技巧以及 Word 软件高级应用工具的使用。通过项目实训,我们不仅巩固了 Word 软件操作的基本知识,认识了过去 Word 软件使用中的误区,而且学习了文档处理的新技巧,使文档处理水平得到质的提升。通过鼓励学生参与"我和我的祖国征文""节能减碳,低碳生活"演讲等丰富多彩的拓展活动丰富了教学过程,将活动参与度和效果作为课程思政内容评价的一部分,丰富了评价内容,渗透了对学生的思政教育和价值引领。培养了家国情怀,加深了对人类命运共同体的认识,内化了审美意识,激发探究学习的兴趣。

## 学习成果达成与测评

| 项目名称 | 文档处理 | | 学　　时 | 10 | 学分 | 0.6 |
|---|---|---|---|---|---|---|
| 安全系数 | 1级 | 职业能力 | Word软件基础操作、信息处理能力 | | 框架等级 | 6级 |
| 序　号 | 评价内容 | | 评价标准 | | | 分数 |
| 1 | 模板的应用和保存 | | 能够应用模板,将文件保存成模板 | | | |
| 2 | 字符格式化 | | 能够设置字符的字体、字号、颜色 | | | |
| 3 | 段落格式化 | | 能够设置段落的缩进和间距及首字下沉 | | | |
| 4 | 项目符号和编号 | | 能够设置项目符号和编号 | | | |
| 5 | 边框和底纹 | | 能够设置文字和段落边框、底纹 | | | |
| 6 | 打印文档 | | 能够进行打印文档设置 | | | |
| 7 | 页面设置 | | 能够设置页面大小和页边距 | | | |
| 8 | 插入封面 | | 能够插入封面,修改封面模板 | | | |
| 9 | 水印 | | 能够设置和编辑文字、图片水印 | | | |
| 10 | 文档分节 | | 能够将文档分节 | | | |
| 11 | 页眉和页脚 | | 能够设置页眉和页脚 | | | |
| 12 | 插入与编辑表格 | | 能够插入表格,调整表格结构,应用公式和样式 | | | |
| 13 | 插入自选图形 | | 能够插入自选图形,进行旋转、组合、排列 | | | |
| 14 | 插入文本框和艺术字 | | 能够插入文本框和艺术字,设置属性 | | | |
| 15 | 插入脚注尾注、批注、书签 | | 能够插入脚注、尾注、批注和书签 | | | |
| 16 | 插入图片和剪贴画 | | 能够插入图片和剪贴画,设置图片样式和版式 | | | |
| 17 | 插入公式 | | 能够插入和编辑公式 | | | |
| 18 | 应用样式 | | 能够新建样式、应用、删除样式 | | | |
| 19 | 生成目录 | | 能够添加目录 | | | |
| 20 | 邮件合并 | | 能够将数据源和主文档进行邮件合并 | | | |
| 考核评价 | 项目整体分数(每项评价内容分值为1分) | | | | | |
| | 指导教师评语: | | | | | |
| 备注 | 奖励:<br>(1) 按照完成质量给予1~10分奖励,额外加分不超过5分。<br>(2) 每超额完成1项任务,额外加3分。<br>(3) 巩固提升任务完成为优秀,额外加2分。<br>惩罚:<br>(1) 完成任务超过规定时间,扣2分。<br>(2) 完成任务有缺项,每项扣2分。<br>(3) 任务实施报告中存在歪曲事实、个人杜撰或有抄袭内容,不予评分。 | | | | | |

# 项 目 自 测

## 一、知识自测

1. 在 Word 软件中,下列操作中能够切换"插入和改写"两种编辑状态的是(　　)。
   A. 按 Ctrl+I 组合键　　　　　　　　B. 按 Shift+I 组合键
   C. 单击状态栏中的"插入"或"改写"　　D. 单击状态栏中的"修订"。
2. 在 Word 的"字体"对话框中,不可设定文字的(　　)。
   A. 删除线　　　B. 行距　　　C. 字号　　　D. 字符间距
3. 在 Word 中,"段落"格式设置中不包括设置(　　)。
   A. 首行缩进　　B. 对齐方式　　C. 段间距　　D. 字符间距
4. 在 Word 的编辑状态,选择了文档全文,若在"段落"对话框中设置行距为 20 磅的格式,应当选择"行距"列表框中的(　　)。
   A. 单倍行距　　B. 1.5 倍行距　　C. 固定值　　D. 多倍行距
5. 在 Word 中,选择某段文本,双击格式刷进行格式应用时,格式刷可以使用的次数是(　　)。
   A. 1　　　　　B. 2　　　　　C. 有限次　　　D. 无限次
6. 在 Word 中,下列叙述正确的是(　　)。
   A. 不能够将"考核"替换为 kaohe,因为一个是中文,一个是英文字符串
   B. 不能够将"考核"替换为"中级考核",因为它们的字符长度不相等
   C. 能够将"考核"替换为"中级考核",因为替换长度不必相等
   D. 不可以将含空格的字符串替换为无空格的字符串
7. 在 Word 中,如果使用了项目符号或编号,则项目符号或编号在(　　)时会自动出现。
   A. 每次按 Enter 键　　　　　　　　B. 一行文字输入完毕并按 Enter 键
   C. 按 Tab 键　　　　　　　　　　　D. 文字输入超过右边界
8. 在 Word 中,当文档中插入图片对象后,可以通过设置图片的文字环绕方式进行图文混排,下列不是 Word 提供的文字环绕方式的是(　　)。
   A. 四周型　　　B. 衬于文字下方　　C. 嵌入型　　D. 左右型
9. 在 Word 中,如果在有文字的区域绘制图形,则在文字与图形的重叠部分(　　)。
   A. 文字不可能被覆盖　　　　　　　B. 文字可能被覆盖
   C. 文字小部分被覆盖　　　　　　　D. 文字大部分被覆盖
10. 在 Word 中,下列关于多个图形对象的说法中正确的是(　　)。
    A. 可以进行"组合"图形对象的操作,也可以进行"取消组合"操作
    B. 既不可以进行"组合"图形对象操作,又不可以进行"取消组合"操作
    C. 可以进行"组合"图形对象操作,但不可以进行"取消组合"操作
    D. 以上说法都不正确

11. 在 Word 中,下述关于分栏操作的说法,正确的是( )。
    A. 栏与栏之间不可以设置分隔线
    B. 任何视图下均可看到分栏效果
    C. 设置的各栏宽度和间距与页面宽度无关
    D. 可以将指定的段落分成指定宽度的两栏

12. 在 Word 中,表格和文本是可以互相转换的,有关它的操作,不正确的是( )。
    A. 文本能转换成表格          B. 表格能转换成文本
    C. 文本与表格可以相互转换    D. 文本与表格不能相互转换

13. 在 Word 编辑状态下,若想将表格中连续三列的列宽调整为 1 厘米,应该先选中这三列,然后在( )对话框中设置。
    A. "行和列"    B. "表格属性"    C. "套用格式"    D. 以上都不对

14. 在 Word 编辑状态下,若光标位于表格外右侧的行尾处,按 Enter 键,结果为( )。
    A. 光标移到下一行,表格行数不变    B. 光标移到下一行
    C. 在本单元格内换行,表格行数不变  D. 插入一行,表格行数改变

15. 在 Word 中,可以把预先定义好的多种格式的集合全部应用在选定的文字上的特殊文档称为( )。
    A. 母版        B. 项目符号      C. 样式         D. 格式

16. 在 Word 编辑状态下,对当前文档中的文字进行"字数统计"操作,应当使用的功能区是( )。
    A. "审阅"功能区                   B. "段落"功能区
    C. "样式"功能区                   D. "校对"功能区

17. 在 Word 中,下面关于页眉和页脚的叙述错误的是( )。
    A. 一般情况下,页眉和页脚适用于整个文档
    B. 在编辑"页眉与页脚"时可同时插入时间和日期
    C. 在页眉和页脚中可以设置页码
    D. 一次可以为每一页设置不同的页眉和页脚

18. 在 Word 中,各级标题层次分明的是( )。
    A. 草稿视图    B. Web 版式视图   C. 页面视图    D. 大纲视图

19. 在 Word 中,要打印一篇文档的第 1、3、5、6、7 和 20 页,需在打印对话框的页码范围文本框中输入( )。
    A. 1-3,5-7,20   B. 1-3,5,6,7-20   C. 1,3-5,6-7,20   D. 1,3,5-7,20

20. 在 Word 文档中包含了文档目录,将文档目录转变为纯文本格式的最优操作方法是( )。
    A. 文档目录本身就是纯文本格式,不需要再进一步操作
    B. 按 Ctrl+Shift+F9 组合键
    C. 在文档目录上右击,然后选择"转换"命令
    D. 复制文档目录,然后通过选择性粘贴功能以纯文本方式显示

## 二、技能自测

**1. 任务要求**

某电商运营社团要做一个"1Buy 万"一元预约消费平台的商业项目,首先需要制作该电子商务运营项目的商业策划书。策划方案是策划成果的表现形态,通常以文字或图文为载体,将策划思路与内容客观、清晰、生动地呈现出来,并高效地指导实践行动。要求如下:

格式规范,页面设置合适,字体段落格式得体。文中各级标题文字要醒目,同一级标题数字格式一致。页眉、页脚的设置体现文章排版的风格(奇偶页不同)。注释内容利用脚注和尾注的方式来设置。制作封面和目录,中间的插图、表格大小合适,位置恰当,要有相应的名称标注。"1Buy 万"一元预约消费平台策划书如图 3-43 所示。

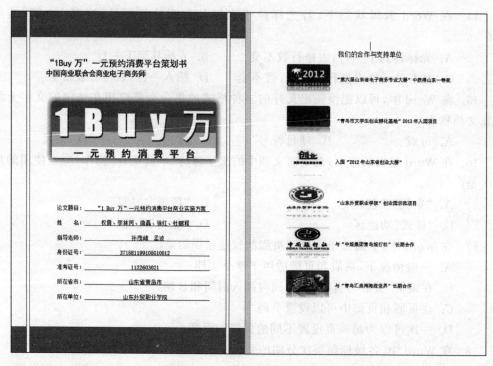

图 3-43 策划方案设计效果截图

**2. 任务实施**

(1) 新建 Word 文件,保存为"策划方案.docx"。插入"细条纹"形的封面。将标题设为"1Buy 万"一元预约消费平台策划书,副标题设置为"中国商业联合会商业电子商务师"。封面上不需要的信息删除。

(2) 策划方案的标题设置为二号、黑体,副标题设置为小二号、黑体,题目、姓名等信息设为宋体、四号。"摘要"设置为四号、黑体、加粗,字间距加宽 2 磅;摘要的其余文字设置为 4 号宋体。正文统一使用 5 号宋体。"附录"和"参考文献"设置为四号、黑体、加粗,参考文献中的其余文字设置为 5 号宋体。

(3) 除标题外,设置其余文字首行缩进 2 字符。标题行段前 1 行,段后 1 行,摘要部分的行距为 1.5 倍行距,正文的段前、段后各 0.5 行,行距为固定值 20 磅。

(4) 将文中所有的 qq 更改为大写的 QQ。

(5) 在页面空白处插入提供的 logo.jpg 图片,并设置图片样式为"居中矩形阴影"。

(6) 将"委托服务合同.docx"文件和"市场调查问卷.docx"文件插入到附录中。在两个文件之间设置分页符。

(7) 请在摘要之后、附录之后、参考文献之前定位光标,插入"下一页"类型分节符,将视图方式切换到"草稿视图"下观察分节符的标记。

(8) 在文档中底部中间位置插入页码,首页不显示页码,合作单位和摘要用大写罗马字符编码,文档正文、附录和参考文献部分的页码使用默认格式连续编号。

(9) 给文档奇数页插入页眉"1Buy 万一元预约消费平台策划书"(首页、摘要、目录除外),偶数页插入页眉"山东省电子商务运营项目参赛作品"。

(10) 在"1.1 公司成立背景"部分中的"数据显示"设置脚注编号格式为"①",内容为"数据来源:中国电子商务研究中心发布的《2018(上)年度中国电子商务市场数据监测报告》"。在"1.2 公司成立与目标"部分中的"本公司创始人是五名在校大学生"后插入第二处脚注,内容为"** 学院 2023 级电子商务 2 班权震、李林芮、曲磊",脚注编号为②。

(11) 在正文"8.2.1 投资净现值(NPV)"后设置尾注,编号格式为"i",内容为"净现值(NPV)是反映投资方案在计算期内获利能力的动态评价指标。投资方案的净现值是指用一个预定的基准收益率(或设定的折现率),分别把整个计算期间内各年所发生的净现金流量都折现到投资方案开始实施时的现值之和"。

(12) 在"第八部分 财务评价"处设置"已阅"的书签。利用定位功能快速定位到书签位置。

(13) 在文档分标题"6.2 对策"处添加批注,内容为"对策建议切中要害,但市场调查证据不足,建议修改"。修订用户名为自己的姓名,隐藏批注气球。

(14) 在"8.2.1 投资净现值(NPV)"处定位光标,输入公式内容如下:

$$\mathrm{NPV} = \sum_{t=1}^{n} \mathrm{NCF}_t (1+i)^{-t}$$

(15) 在"8.2.1 内含报酬率(IRR)"处插入公式:

$$\mathrm{NPV(IRR)} = \sum_{t=1}^{n} \mathrm{NCF}_t (1+\mathrm{IRR})^{-t}$$

(16) 定位到"1.6 发展战略"段落,添加 4 个项目符号"◆"。

(17) 定位到"9.1 企业前期规划",将第一、第二、第三替换成①、②、③的编号。

(18) 新建字符类型"样式 1",格式为"四号、宋体、加粗"。选择标题段落"第一部分""第二部分"等大标题应用该格式。新建字符类型"样式 2",格式为"小四号、宋体、加粗",分标题"1.1""1.2"应用样式 2。新建字符类型"样式 3",格式为"五号、宋体、加粗",分标题"1.1.1""1.2.1"应用样式 3。

(19) 在文档中第二页(第一页为封面)插入目录,设置"显示级别"为 3。

# 学习成果实施报告

| 题 目 | | | | | |
|---|---|---|---|---|---|
| 班 级 | | 姓 名 | | 学 号 | |

| 任务实施报告 |
|---|
| （1）请对本项目的实施过程进行总结，反思经验与不足。<br>（2）请记述学习过程中遇到的重难点以及解决过程。<br>（3）请介绍本项目学习过程中探索出来的创新性方法与技巧。<br>（4）请介绍利用文档编辑知识参与的社会实践活动，解决的实际问题等。<br>（5）请对本项目的任务设计提出意见以及改进建议。<br>报告字数要求为800字左右。 |

| 考核评价（按10分制） |
|---|
| 教师评语： |

| 考评规则 |
|---|
| 工作量考核标准：<br>（1）任务完成及时，准时提交各项作业。<br>（2）勇于开展探究性学习，创新解决问题的方法。<br>（3）实施报告内容真实，条理清晰，逻辑严谨，表述精准。<br>（4）软件操作规范，注意机器保护以及实训室干净整洁。<br>（5）积极参与相关的社会实践活动。<br>奖励：<br>　　本课程特设突出奖励学分：包括课程思政和创新应用突出奖励两部分。每次课程拓展活动记1分，计入课程思政突出奖励；每次计算机科技文化节、信息安全科普宣传等科教融汇活动记1分，计入创新应用突出奖励。 |

# 自主创新项目

Word 软件不仅应用广泛而且功能强大,大约 80% 的 Word 用户只使用了 20% 的软件功能。本项目中也只涉及了文字的编辑排版等常用的基本功能,还有宏、控件等更加复杂深入的高级功能等待我们去研究和应用。

WPS 是由金山软件股份有限公司自主研发的一款办公软件,WPS 文档处理软件可以编写文字、制作表格等,常用功能上与 Office Word 二者基本相同,符合现代中文办公的需求,越来越受到大家喜爱,市场占有量与日俱增。

请结合学校条件、专业情况和个人兴趣爱好,开展探究性学习,自主开发设计项目。内容主要包括项目名称、项目目标、项目分析、知识点、关键技能训练点、任务实施和考核评价等内容,请记录在下表中。

创新内容可以围绕以下几点。

(1) 个人简介、企业规划书设计。
(2) 流程图、公司组织结构图设计。
(3) 研究报告、用户手册等排版。
(4) 产品说明书、企业年终报告设计。
(5) 公司宣传海报、校园活动海报设计。
(6) 产品订购单、产品销售业绩表制作。
(7) 批量制作准考证、桌签、物业缴费单、奖状及带照片的工作证。
(8) Office Word 与 WPS 等其他文字处理软件的比较。

| 项目名称 | | 学时 | |
|---|---|---|---|
| 开发人员 | | | |
| 项目目标 | 知识目标: | | |
| | 能力目标: | | |
| | 素质目标: | | |
| 项目分析 | | | |
| 知识图谱 | | | |
| 关键技能训练点 | | | |
| 任 务 实 施 | | | |
| | | | |
| 考 核 评 价 | | | |
| | | | |

# 项目 4　电子表格制作

**项目导读**

　　Excel 是 Microsoft 公司开发的 Office 办公组件之一,可以用来制作电子表格,进行复杂的数据运算,实现数据分析和预测,同时还具有强大的图表制作功能。它已成为国内外广大用户管理公司和个人财务、统计数据、绘制专业化表格的得力助手。

**职业技能目标**

- 熟练掌握 Excel 文档的基本操作和美化的方法。
- 熟练掌握公式和常用函数的应用。
- 能够对数据清单进行数据处理与分析。
- 能够通过图表对数据进行可视化分析。
- 具有一定的写作能力,能够用简洁清晰的语言描述任务实施过程。
- 具有较强的自主学习能力,能灵活解决数据处理与可视化展示等实际问题。

**素养目标**

- 培养学生踏实认真、严谨务实的职业习惯。
- 培养学生服务社会的爱国情怀。
- 培养学生的合作和竞争意识。
- 培养学生的计算思维和数字化信息意识。

**项目实施**

　　本项目立足于方便中小微企业数据管理与统计分析,详细介绍了 Excel 2021 在数据管理、数据运算、数据统计和可视化分析等方面的应用。根据公司需要设计了 4 个典型工作任务,即员工信息表、员工工资表、新能源汽车销量统计分析表和销量统计图表,进一步完善了公司人力资源和产品销售统计数据库。

## 任务 4.1　设计员工信息表

**学习目标**

　　知识目标:掌握数据的输入和表格格式化,能进行数据验证和条件格式的设置,能够对工作表进行打印设置,了解工作簿和工作表的保护。

　　能力目标:使学生了解企业人事管理信息的基本事项,感受 Excel 软件数据管理的便利功能,从而激发学生的学习热情和求知欲望,培养学生严谨认真的工作作风。

　　素养目标:通过设计员工信息表,使学生了解社会对人才信息的关注点,同时加强对企业员工隐私保护和人文关怀。

**建议学时**

4学时

**任务要求**

为响应党的人才强国战略，某公司准备进行人才管理方面的改革。要求人力资源部设计出新的员工信息表，其中要体现员工的姓名、性别、年龄、学历、工作时间和所在部门等基本信息。通过此表可以直观快捷地了解员工基本情况，便于后期人才管理，达到真心爱才、悉心育才、精心用才的目的。

**任务分析**

设计员工信息表时，首先，需要分析设计表的结构，确定统计数据。这些数据应该能体现一个员工的工作面貌，并方便其他表格调用。其次，还要设计好每种数据的输入方式，添加必要的数据验证，使数据输入更加便捷且准确有效，便于后期数据的补充更新。最后，还要设计表格的格式，使表格赏心悦目。

设计要求如下：

（1）在表格中输入员工编号、姓名、性别等各列数据。

（2）对每列数据进行数据格式和数据验证设置。

（3）对参加工作时间列设置条件格式。

（4）套用表格样式，使其美观大方。

（5）设置打印格式。

根据上述原则，员工信息表的设计效果如图4-1所示。

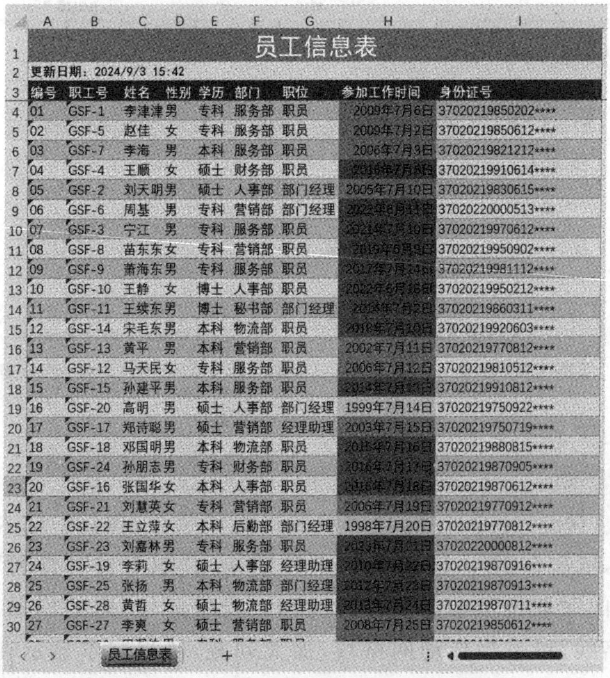

图4-1 员工信息表设计效果图

## 电子活页目录

Excel 表格创建与格式化知识的电子活页目录如下：
(1) 工作簿与工作表的基本操作
(2) 工作表数据的输入
(3) 工作表的编辑
(4) 工作表的格式化

电子活页：Excel 表格创建与格式化知识

## 任务实施

**步骤 1** 编辑表格内容

(1) 新建工作簿。启动 Excel 2021 程序，选择"文件"→"新建"→"空白工作簿"命令，即可创建一个新的工作簿。保存文件名为"员工信息表.xlsx"。

视频：任务 4.1 新建工作簿

在此工作簿中有一个名为 Sheet1 的工作表，右击 Sheet1 工作表标签，选择"重命名"命令，将 Sheet1 工作表重命名为"员工信息表"，如图 4-2 所示。

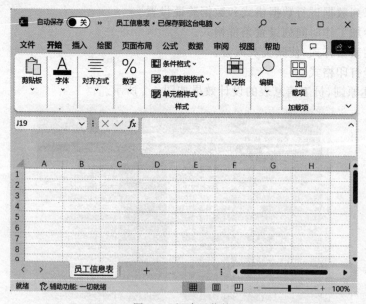

图 4-2 新建工作簿

(2) 设置表格标题。

① 插入列名。双击 A1 单元格，进入单元格编辑状态，在其中输入"编号"，用此方法，依次在 B1~I1 单元格中分别输入"职工号""姓名""性别""学历""部门""职位""参加工作时间"和"身份证号"列的标题。如果文本越过网格线，可适当拖动网格线，加大列宽，使得文本显示在一列中，如图 4-3 所示。

视频：任务 4.1 设置表格标题

② 插入一行。选择第一行，右击调出快捷菜单，如图 4-4 所示，选择"插入"命令，在第一行前面插入一行。右击此行并选择"行高"命令，然后设置行高为 26，如图 4-5 所示。

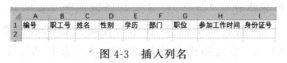

图 4-3 插入列名

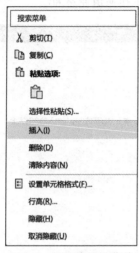

图 4-4 行的快捷键菜单

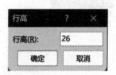

图 4-5 设置行高

③ 标题设计。在 A1 单元格中输入表格标题"员工信息表"，选择 A1～I1 单元格区域，单击"开始"选项卡，在"对齐方式"工具组中选择"合并后居中"→"合并后居中"命令，如图 4-6 所示。在"开始"选项卡的"字体"工具组中设置填充颜色为蓝色底纹，字体设置为黑体、20 磅、白色。

④ 用插入行的方式，在标题行后面插入一行。插入时会出现插入行格式的选项，如图 4-7 所示，选择"清除格式"命令，设置行高为 15。输入"更新日期"，用 Ctrl+;组合键插入系统日期，用 Ctrl+Shift+;组合键插入当前系统时间。合并单元格并左对齐，字体设置为黑体、10 磅。完成后效果如图 4-8 所示。

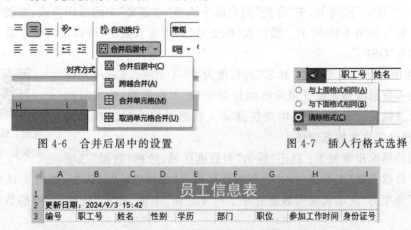

图 4-6 合并后居中的设置　　　　　图 4-7 插入行格式选择

图 4-8 设置表格标题后的效果

(3) 输入数据。

① 输入编号列数据。选择 A4~A63 单元格,右击,在弹出的快捷菜单中选择"设置单元格格式"命令,打开的对话框如图 4-9 所示,在"数字"选项卡的"分类"列表框中选择"文本",使得此行的数据类型为文本格式。在 A4、A5 单元格中分别输入 01、02。选中 A1、A2 单元格区域,拖动右下角黑色十字样式的填充柄,向下快速填充至 60。

视频:任务 4.1 输入数据

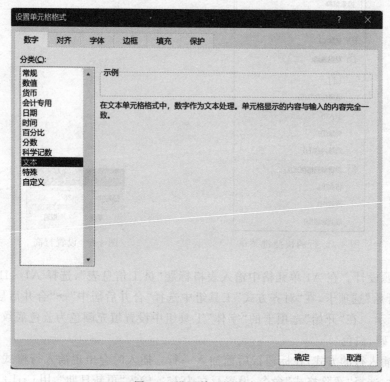

图 4-9 设置单元格格式

② 采用固定内容输入方式输入职工号。选定区域 B4~B63,打开"设置单元格格式"对话框中的"数字"选项卡,在"分类"列表框中选择"自定义"中的通用格式,在类型中输入 ""GSF-" @",如图 4-10 所示。然后在"职工号"列中输入数字,可以发现数字前会自动出现固定内容"GSF-"。

③ 利用数据验证来设置"姓名"列长度为 2~4 个字。Excel 允许用户在录入数据前预先设置单元格内数据类型、大小范围、输入时的信息提示及错误提示等,方便用户快速录入数据并能及时发现录入错误,这种设置称为数据验证。

视频:任务 4.1 数据验证

此例的操作步骤如下:选定"姓名"列数据区域,选择"数据"选项卡,单击"数据工具"工具组中的"数据验证",进入"数据验证"对话框,如图 4-11 所示。设置"允许"选项为"文本长度",数据介于 2 与 4 之间,单击"确定"按钮,此列的数据验证设置完成。

图 4-10　设置固定内容重复输入

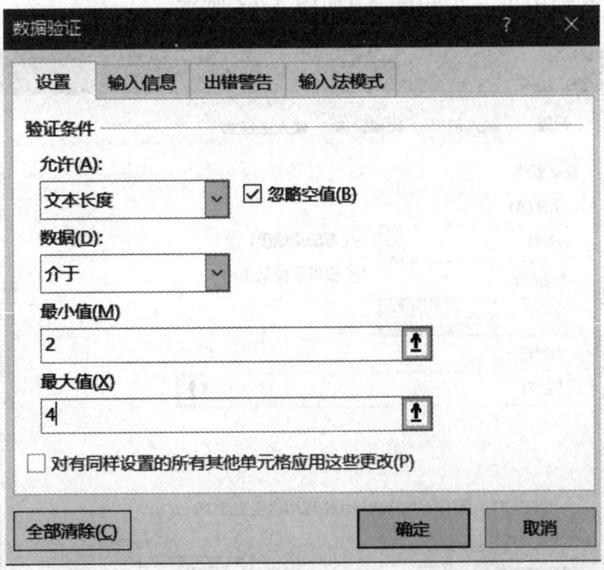

图 4-11　用数据验证设置姓名长度

设置好数据验证条件后,还可以切换到"输入信息"选项卡,如图 4-12 所示。在"标题"和"输入信息"文本框中输入要显示的信息,单击"确定"按钮。选定设置的单元格,即可显示设置的提示信息。也可用同样的方式设置出错警告信息。

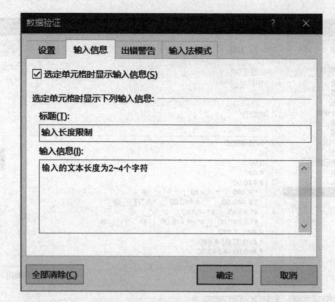

图 4-12 "数据验证"对话框的"输入信息"选项卡

当向"姓名"列插入数据时,插入姓名的长度必须是 2~4 个字符,插入不符合长度的姓名时,将出现输入非法的错误提示,插入不成功。

④ 设置"性别"列为下拉列表方式(男,女)。选择"性别"列的数据区域,用上面的方式打开"数据验证"对话框,设置验证条件中的"允许"选项为"序列","来源"选项输入"男,女"(注意:其中的逗号用英文半角输入)如图 4-13 所示。

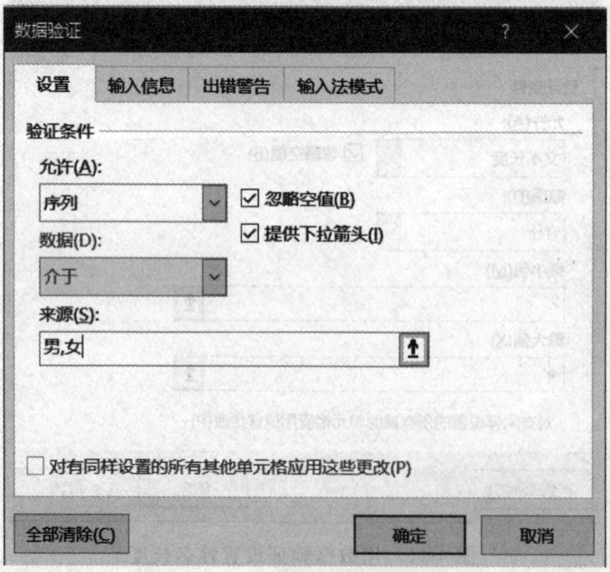

图 4-13 用数据验证设置性别列

设置好后,单击"性别"列区域任意一个单元格,单元格右侧将显示一个下拉按钮,单击该按钮会弹出一个列表,其中显示了可以输入的内容(男或女),按需要选择其一即可。

⑤ 用上述数据验证的方式，设置“学历”列为下拉列表方式(选项值为博士、硕士、本科、专科)，并选择输入数据。

⑥ 在“部门”和“职位”列中批量录入相同的数据。按住 Ctrl 键，选定要输入相同数据的单元格区域，在编辑栏中输入数据(如“服务部”)，然后同时按 Ctrl 键和 Enter 键，则可同时录入相同的数据。

视频：任务 4.1 批量录入、设置格式

⑦ 选择“参加工作时间”列数据区域，打开“设置单元格格式”对话框，设置数据类型为日期格式，如“2012 年 3 月 14 日”。如果单元格出现“#”字，说明数据宽度超过了单元格宽度，调整单元格宽度，即可显示完整的数据。

⑧ 设置单元格格式，将“身份证号”列设置为文本类型数据，按样例输入身份证号。

数据输入后效果如图 4-14 所示。

员工信息表

更新日期： 2024/9/3 15:42

| 编号 | 职工号 | 姓名 | 性别 | 学历 | 部门 | 职位 | 参加工作时间 | 身份证号 |
|---|---|---|---|---|---|---|---|---|
| 01 | GSF-1 | 李津津 | 男 | 专科 | 服务部 | 职员 | 2009年7月6日 | 37020219850202**** |
| 02 | GSF-5 | 赵佳 | 女 | 专科 | 服务部 | 职员 | 2009年7月2日 | 37020219850612**** |
| 03 | GSF-7 | 李海 | 男 | 本科 | 服务部 | 职员 | 2006年7月3日 | 37020219821212**** |
| 04 | GSF-4 | 王顺 | 女 | 硕士 | 财务部 | 职员 | 2016年7月5日 | 37020219910614**** |
| 05 | GSF-2 | 刘天明 | 男 | 硕士 | 人事部 | 部门经理 | 2005年7月10日 | 37020219830615**** |
| 06 | GSF-6 | 周基 | 男 | 专科 | 营销部 | 部门经理 | 2022年6月11日 | 37020220000513**** |
| 07 | GSF-3 | 宁江 | 男 | 专科 | 服务部 | 职员 | 2021年7月10日 | 37020219970612**** |
| 08 | GSF-8 | 苗东东 | 女 | 专科 | 营销部 | 职员 | 2019年6月9日 | 37020219950902**** |
| 09 | GSF-9 | 萧海东 | 男 | 专科 | 服务部 | 职员 | 2017年7月14日 | 37020219981112**** |
| 10 | GSF-10 | 王静 | 女 | 博士 | 人事部 | 职员 | 2022年6月18日 | 37020219950212**** |
| 11 | GSF-11 | 王续东 | 男 | 博士 | 秘书部 | 部门经理 | 2014年7月2日 | 37020219860311**** |
| 12 | GSF-14 | 宋毛东 | 男 | 本科 | 物流部 | 职员 | 2018年7月10日 | 37020219920603**** |
| 13 | GSF-13 | 黄平 | 男 | 本科 | 营销部 | 职员 | 2002年7月11日 | 37020219770812**** |
| 14 | GSF-12 | 马天民 | 女 | 专科 | 服务部 | 职员 | 2006年7月12日 | 37020219810512**** |
| 15 | GSF-15 | 孙建平 | 男 | 本科 | 服务部 | 职员 | 2014年7月13日 | 37020219910812**** |
| 16 | GSF-20 | 高明 | 男 | 硕士 | 人事部 | 部门经理 | 1999年7月14日 | 37020219750922**** |
| 17 | GSF-17 | 郑诗聪 | 男 | 硕士 | 营销部 | 经理助理 | 2003年7月15日 | 37020219750719**** |
| 18 | GSF-18 | 邓国明 | 男 | 本科 | 物流部 | 职员 | 2016年7月16日 | 37020219880815**** |
| 19 | GSF-24 | 孙朋志 | 男 | 专科 | 财务部 | 职员 | 2016年7月17日 | 37020219870905**** |
| 20 | GSF-16 | 张国华 | 女 | 本科 | 人事部 | 职员 | 2016年7月18日 | 37020219870612**** |
| 21 | GSF-21 | 刘慧英 | 女 | 专科 | 营销部 | 职员 | 2006年7月19日 | 37020219770912**** |
| 22 | GSF-22 | 王立萍 | 女 | 本科 | 后勤部 | 部门经理 | 1998年7月20日 | 37020219770812**** |
| 23 | GSF-23 | 刘嘉林 | 男 | 专科 | 服务部 | 职员 | 2023年7月21日 | 37020220000812**** |
| 24 | GSF-19 | 李莉 | 女 | 硕士 | 人事部 | 经理助理 | 2010年7月22日 | 37020219870916**** |
| 25 | GSF-25 | 张扬 | 男 | 本科 | 物流部 | 部门经理 | 2012年7月23日 | 37020219870913**** |
| 26 | GSF-28 | 黄哲 | 女 | 硕士 | 物流部 | 经理助理 | 2013年7月24日 | 37020219870711**** |
| 27 | GSF-27 | 李爽 | 女 | 硕士 | 营销部 | 职员 | 2008年7月25日 | 37020219850612**** |
| 28 | GSF-26 | 周深伟 | 男 | 专科 | 服务部 | 职员 | 2008年7月26日 | 37020219861212**** |

员工信息表 +

图 4-14 数据输入后的效果图

**步骤 2 表格格式化**

(1) 套用表格样式。系统提供了多种表格样式，可以套用这些表格样式快速美化表格。具体操作如下：选定 A3～I63 单元格区域，选择“开始”选项卡，单击“样式”工具组中的“套用表格格式”按钮，在出现的多种表格样式中，为表格套用中等深浅 2 样式。套用格式后，表格会进入数据筛选模式，可以在出现的“表格工具”→“设计”选项卡中单击“工具”栏中的“转换为区域”按钮，如图 4-15 所示，将表格转换为普通区域，最终效果如图 4-16 所示。

视频：任务 4.1 套用表格样式

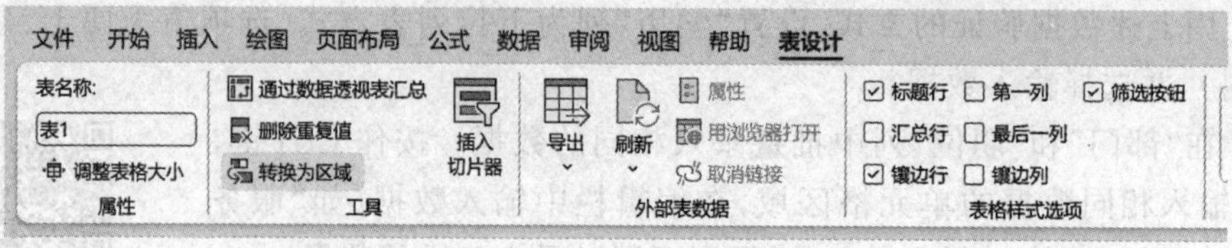


图4-15　将表格转换为普通区域

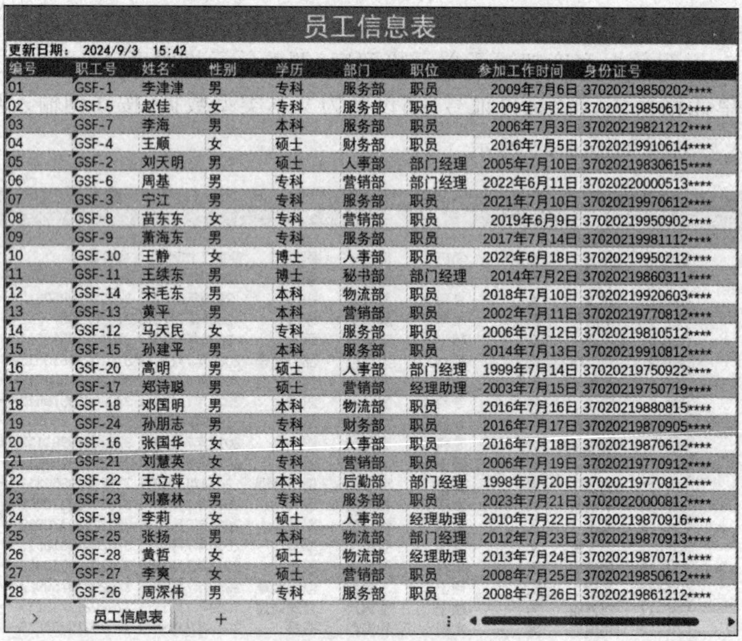

员工信息表

更新日期:　2024/9/3　15:42

| 编号 | 职工号 | 姓名 | 性别 | 学历 | 部门 | 职位 | 参加工作时间 | 身份证号 |
|---|---|---|---|---|---|---|---|---|
| 01 | GSF-1 | 李津津 | 男 | 专科 | 服务部 | 职员 | 2009年7月6日 | 37020219850202**** |
| 02 | GSF-5 | 赵佳 | 女 | 专科 | 服务部 | 职员 | 2009年7月2日 | 37020219850612**** |
| 03 | GSF-7 | 李海 | 男 | 本科 | 服务部 | 职员 | 2006年7月3日 | 37020219821212**** |
| 04 | GSF-4 | 王顺 | 女 | 硕士 | 财务部 | 职员 | 2016年7月5日 | 37020219910614**** |
| 05 | GSF-2 | 刘天明 | 男 | 硕士 | 人事部 | 部门经理 | 2005年7月10日 | 37020219830615**** |
| 06 | GSF-6 | 周基 | 男 | 专科 | 营销部 | 部门经理 | 2022年6月11日 | 37020220000513**** |
| 07 | GSF-3 | 宁江 | 男 | 专科 | 服务部 | 职员 | 2021年7月10日 | 37020219970612**** |
| 08 | GSF-8 | 苗东东 | 女 | 专科 | 营销部 | 职员 | 2019年6月9日 | 37020219950902**** |
| 09 | GSF-9 | 萧海东 | 男 | 专科 | 服务部 | 职员 | 2017年7月14日 | 37020219981112**** |
| 10 | GSF-10 | 王静 | 女 | 博士 | 人事部 | 职员 | 2022年6月18日 | 37020219950212**** |
| 11 | GSF-11 | 王续东 | 男 | 博士 | 秘书部 | 部门经理 | 2014年7月2日 | 37020219860311**** |
| 12 | GSF-14 | 宋毛东 | 男 | 本科 | 物流部 | 职员 | 2018年7月10日 | 37020219920603**** |
| 13 | GSF-13 | 黄平 | 男 | 本科 | 营销部 | 职员 | 2002年7月11日 | 37020219770812**** |
| 14 | GSF-12 | 马天民 | 女 | 专科 | 服务部 | 职员 | 2006年7月12日 | 37020219810512**** |
| 15 | GSF-15 | 孙建平 | 男 | 本科 | 服务部 | 职员 | 2014年7月13日 | 37020219910812**** |
| 16 | GSF-20 | 高明 | 男 | 硕士 | 人事部 | 部门经理 | 1999年7月14日 | 37020219750922**** |
| 17 | GSF-17 | 郑诗聪 | 男 | 硕士 | 营销部 | 经理助理 | 2003年7月15日 | 37020219750719**** |
| 18 | GSF-18 | 邓国明 | 男 | 本科 | 物流部 | 职员 | 2016年7月16日 | 37020219880815**** |
| 19 | GSF-24 | 孙朋志 | 男 | 专科 | 财务部 | 职员 | 2016年7月17日 | 37020219870905**** |
| 20 | GSF-16 | 张国华 | 女 | 本科 | 人事部 | 职员 | 2016年7月18日 | 37020219870612**** |
| 21 | GSF-21 | 刘慧英 | 女 | 专科 | 营销部 | 职员 | 2006年7月19日 | 37020219770912**** |
| 22 | GSF-22 | 王立萍 | 女 | 本科 | 后勤部 | 部门经理 | 1998年7月20日 | 37020219770812**** |
| 23 | GSF-23 | 刘嘉林 | 男 | 专科 | 服务部 | 职员 | 2023年7月21日 | 37020220000812**** |
| 24 | GSF-19 | 李莉 | 女 | 硕士 | 人事部 | 经理助理 | 2010年7月22日 | 37020219870916**** |
| 25 | GSF-25 | 张扬 | 男 | 本科 | 物流部 | 部门经理 | 2012年7月23日 | 37020219870913**** |
| 26 | GSF-28 | 黄哲 | 女 | 硕士 | 物流部 | 经理助理 | 2013年7月24日 | 37020219870711**** |
| 27 | GSF-27 | 李爽 | 女 | 硕士 | 营销部 | 职员 | 2008年7月25日 | 37020219850612**** |
| 28 | GSF-26 | 周深伟 | 男 | 专科 | 服务部 | 职员 | 2008年7月26日 | 37020219861212**** |

员工信息表

图4-16　套用表格样式后效果图

(2) 为参加工作时间列设置条件格式:2000年之前参加工作的用黄色填充,2000—2009年参加工作的用浅绿色填充,2010年(包括)之后参加工作的用蓝色填充。

视频:任务4.1 条件格式

具体操作如下:选择"开始"选项卡,单击"样式"工具组中的"条件格式"按钮,再选择"新建规则"命令,如图4-17所示。在"新建格式规则"对话框中设置单元格值的范围以及对应的格式,如图4-18所示。以此类推设定其他的条件格式。

(3) 单击"视图"选项卡,在"显示"工具组中取消勾选"网格线"选项。

(4) 单击"页面布局"选项卡,在"页面设置"工具组中单击"背景"按钮,选择从文件插入图片get.jpg,为工作表设置背景图片。

(5) 右击工作表标签,将工作表标签的颜色设为红色。

(6) 选中第4行,选择"视图"选项卡,在"窗口"工具组中单击"冻结窗格"按钮,选择"冻结拆分窗格"。冻结后,第3行和第4行之间有一条黑色横线,滑动滚动条,行标题不会再随之滚动,如图4-19所示。

视频:任务4.1 冻结窗格等格式设置

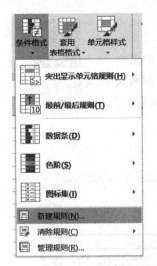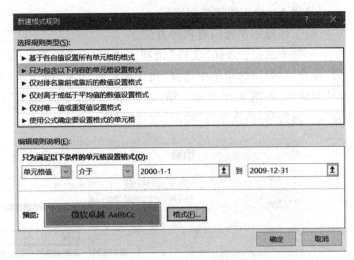

图 4-17　选择条件格式新建规则　　图 4-18　2000—2009 年参加工作条件格式的设置

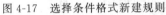

图 4-19　设置冻结窗格效果图

---

**知识点拨**

　　冻结窗格可将工作表的上窗格和左窗格冻结在屏幕上。滚动工作表时，被冻结的行和列可以一直在屏幕上显示。
　　选择"冻结拆分窗格"命令，则活动单元格上边和左边的所有单元格被冻结在窗口上。
　　选择"冻结首行"命令，则首行的所有单元格被冻结在窗口上。
　　选择"冻结首列"命令，则首列的所有单元格被冻结在窗口上。
　　冻结窗格后，选择"冻结窗格"中的"取消冻结窗格"命令，可取消冻结窗格。

步骤3　给工作簿添加密码

给工作簿添加密码有两种方法。

一种方法是：选择"文件"选项卡中"信息"按钮下的"保护工作簿"命令，在弹出的菜单中选择"用密码进行加密"命令，打开"加密文档"对话框，如图4-20所示。输入工作簿密码，单击"确定"按钮后，再输入一遍密码，再次单击"确定"按钮即可。

视频：任务4.1
设置密码

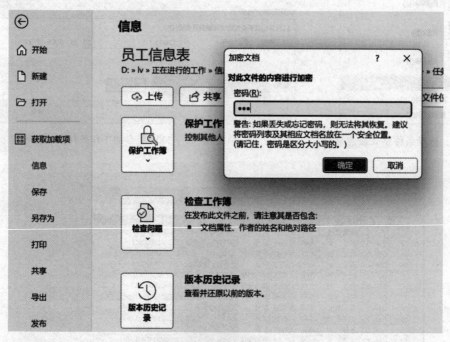

图4-20　给工作簿加密

另一种方法是：在"另存为"对话框中单击"工具"按钮，选择"常规选项"命令，打开"常规选项"对话框，如图4-21所示。输入打开权限密码和修改权限密码，单击"确定"按钮，然后输入确认密码即可。

步骤4　页面设置

(1) 插入分页符，把王均及后面的员工信息打印在另一页纸上。

具体操作：首先选中王均所在的行，然后单击"页面布局"，在"页面设置"栏中单击"分隔符"按钮，选择"插入分页符"命令即可。如果删除分页符，则单击"分隔符"按钮，选择"删除分页符"命令即可。

视频：任务4.1
页面设置及打印

(2) 设置页边距。打开"页面设置"对话框中的"页边距"选项卡，设置上下左右及页眉页脚的页边距，并设置居中方式为水平垂直居中。

(3) 设置页眉和页脚。打开"页面设置"对话框中的"页眉/页脚"选项卡，单击"自定义页眉"按钮，在页眉左边插入公司 Logo 图片，中间插入文件名称，右边插入日期，在页脚栏下拉列表中选择"第1页 共?页"，设置页脚，如图4-22所示。

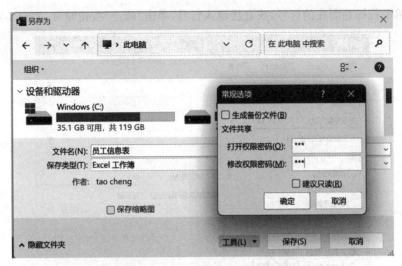

图 4-21 保存文件时给文件加密

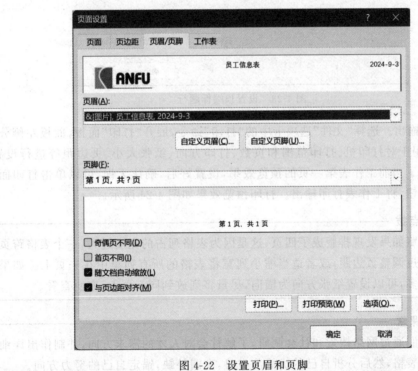

图 4-22 设置页眉和页脚

**步骤 5** 打印工作表

(1) 设置打印区域。首先选定数据区域，单击"页面布局"选项卡下"页面设置"工具组中的"打印区域"按钮，在弹出的菜单中选择"设置打印区域"命令，所选区域四周会自动添加虚边框线，系统将只打印边框线包围部分的内容。

(2) 设置打印行和列的标题。

打开"页面设置"对话框，单击"工作表"选项卡。将光标放到"顶端标题行"文本框，在工作表中单击行标题所在的行号,或直接输入行号,单击"确定"按钮即可,如图 4-23 所示。

图 4-23 设置顶端标题行

(3) 打印输出。选择"文件"选项卡中的"打印"命令,展开"打印"面板,面板左侧分布了多个选项,用于对打印机、打印范围和页数、打印方向、纸张大小、页边距等进行设置。面板右侧显示了当前工作表第一页的预览效果,设置好后,确认无误,可以单击打印面板中的"打印"按钮,将工作表打印输出。打印预览效果如图 4-24 所示。

> **知识点拨**
>
> 打印预览如果发现排版成了四页,这是因为表格列占的宽度过大,一个表格跨页了。可以通过调整页边距,或者适当缩小列宽将表格的所有列集中在一页上。如果表格列数过多,可以设置纸张方向为横向,尽量将列放到同一页上,方便查看。

> **多彩课堂**
>
> 请同学们通过网络搜索和社会调研,了解社会对人才的需求方向,并制作出详细的岗位需求表格,然后分析自己的优势与劣势,查漏补缺,锚定自己的努力方向。

**巩固提升**

下面设计东方商场家电销售表。
**任务要求**
东方商场要对 2023 年 6 月上旬的家电销售情况做一个数据统计表,要求此表用 Excel 设计,数据条目清新,内容准确,美观大方,效果如图 4-25 所示。

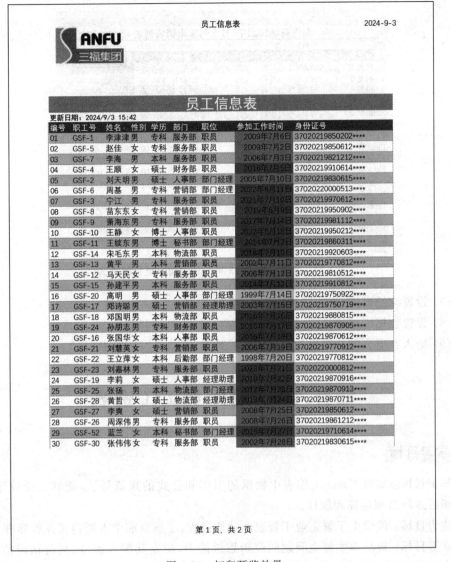

图 4-24 打印预览效果

**任务实施**

（1）打开"4.1 东方商场家电销售表素材"工作表，将第一行数据区域合并单元格，套用单元格样式中的标题 1 样式。

（2）第一行后插入一行，行高为 15，输入制表人姓名及当前的日期和时间。

（3）对"商品"列进行数据验证，设置下拉列表，下拉列表内容包括电视机、电冰箱、洗衣机。

（4）"单价"和"总销售额"列采用会计专用格式。

（5）为数据区域套用表格样式中等色、中等深浅 2。

（6）设置条件格式，使得单价大于 10000 的红色文本显示，小于 2000 的绿色文本显示，并给总销售额添加红色渐变数据条。

| | A | B | C | D | E | F | G |
|---|---|---|---|---|---|---|---|
| 1 | 东方商场2023年6月上旬家电销售列表 | | | | | | |
| 2 | 制表人：张三 | | | | | 2023-6-20 8:13 | |
| 3 | 营业员 | 日期 | 商品 | 型号 | 数量 | 单价 | 总销售额 |
| 4 | 柯夏令 | 2023/6/1 | 电视机 | CY5 | 11 | ¥ 10,390.00 | ¥ 114,290.00 |
| 5 | 柯夏令 | 2023/6/2 | 电视机 | CY5 | 7 | ¥ 10,390.00 | ¥ 72,730.00 |
| 6 | 励为何 | 2023/6/3 | 电视机 | CC6 | 5 | ¥ 8,090.00 | ¥ 40,450.00 |
| 7 | 文微微 | 2023/6/4 | 电视机 | CC7 | 3 | ¥ 9,020.00 | ¥ 27,060.00 |
| 8 | 柯夏令 | 2023/6/5 | 电冰箱 | JJ1 | 9 | ¥ 2,080.00 | ¥ 18,720.00 |
| 9 | 高娃娃 | 2023/6/6 | 洗衣机 | XI2 | 12 | ¥ 1,980.00 | ¥ 23,760.00 |
| 10 | 柯夏令 | 2023/6/7 | 电冰箱 | JJ1 | 3 | ¥ 2,080.00 | ¥ 6,240.00 |
| 11 | 曲新 | 2023/6/8 | 洗衣机 | XI1 | 4 | ¥ 2,290.00 | ¥ 9,160.00 |
| 12 | 高娃娃 | 2023/6/9 | 洗衣机 | XI2 | 5 | ¥ 1,980.00 | ¥ 9,900.00 |
| 13 | 文微微 | 2023/6/10 | 电冰箱 | JJ1 | 2 | ¥ 2,080.00 | ¥ 4,160.00 |
| 14 | 曲新 | 2023/6/11 | 洗衣机 | XI1 | 3 | ¥ 1,290.00 | ¥ 3,870.00 |
| 15 | 曲新 | 2023/6/12 | 洗衣机 | XI2 | 3 | ¥ 1,980.00 | ¥ 5,940.00 |
| 16 | 励为何 | 2023/6/13 | 洗衣机 | XI1 | 2 | ¥ 2,290.00 | ¥ 4,580.00 |
| 17 | 励为何 | 2023/6/14 | 洗衣机 | XI1 | 2 | ¥ 2,290.00 | ¥ 4,580.00 |
| 18 | 文微微 | 2023/6/15 | 电冰箱 | JJ1 | 1 | ¥ 2,080.00 | ¥ 2,080.00 |
| 19 | 高娃娃 | 2023/6/16 | 洗衣机 | XI2 | 2 | ¥ 1,980.00 | ¥ 3,960.00 |
| 20 | | | | | | | |

图 4-25　东方商场 2023 年 6 月上旬家电销售列表

（7）设置冻结窗格，将前三行内容冻结。
（8）设置数据区域为打印区域，并设置前三行为打印标题行。
（9）插入页眉页脚。页眉为自己的学号姓名，页脚为"第?页共?页"。

## 任务 4.2　设计员工工资表

### 学习目标

**知识目标**：掌握 Excel 工作表中数据的引用和公式的规范写法，能够灵活应用各种常用函数进行数据运算和统计。

**能力目标**：使学生了解企业工资表的计算过程，了解目前个人所得税征收标准。

**素养目标**：提高学生解决问题的逻辑思维能力，激发其深入思考、刻苦钻研精神，养成踏实认真，严谨务实的工作作风。

### 建议学时

6 学时

### 任务要求

党的二十大提出完善分配制度，提高劳动报酬在初次分配中的比重。完善个人所得税制度，规范收入分配秩序。依据党的二十大精神，某公司准备对公司的薪资体系做重大变动。公司人力资源部门需要依据最新的薪资制度，用 Excel 重新设置员工工资统计表格，包括员工加班统计表，员工工资表和工资统计表。员工工资表效果如图 4-26 所示。

| 服务部8月份工资表 | | | | | | | | | | |
|---|---|---|---|---|---|---|---|---|---|---|
| 职工号 | 姓名 | 身份证号 | 出生日期 | 基本工资 | 绩效奖金 | 加班费 | 应发工资 | 扣税 | 实发工资 | 工资排名 |
| GSF-1 | 李津津 | 37020219850202**** | 1985-02-02 | ¥ 4,500.00 | ¥ 1,600.00 | ¥ 950.00 | ¥ 7,050.00 | ¥ 61.50 | ¥ 6,988.50 | 8 |
| GSF-5 | 赵佳 | 37020219850612**** | 1985-06-12 | ¥ 5,000.00 | ¥ 1,500.00 | ¥ 1,180.00 | ¥ 7,680.00 | ¥ 80.40 | ¥ 7,599.60 | 6 |
| GSF-12 | 马天民 | 37020219810512**** | 1981-05-12 | ¥ 4,800.00 | ¥ 600.00 | ¥ 1,600.00 | ¥ 7,000.00 | ¥ 60.00 | ¥ 6,940.00 | 9 |
| GSF-23 | 刘嘉林 | 37020220000812**** | 2000-08-12 | ¥ 4,800.00 | ¥ 1,000.00 | ¥ 1,660.00 | ¥ 7,460.00 | ¥ 73.80 | ¥ 7,386.20 | 7 |
| GSF-26 | 周深伟 | 37020219861212**** | 1986-12-12 | ¥ 4,500.00 | ¥ 1,000.00 | ¥ 1,000.00 | ¥ 6,500.00 | ¥ 45.00 | ¥ 6,455.00 | 10 |
| GSF-30 | 张伟伟 | 37020219830615**** | 1983-06-15 | ¥ 5,500.00 | ¥ 4,500.00 | ¥ 800.00 | ¥ 10,800.00 | ¥ 370.00 | ¥10,430.00 | 3 |
| GSF-32 | 谢伟 | 37020219970612**** | 1997-06-12 | ¥ 7,245.00 | ¥ 1,000.00 | ¥ 1,060.00 | ¥ 11,305.00 | ¥ 420.50 | ¥10,884.50 | 2 |
| GSF-37 | 张锦绣 | 37020219770812**** | 1977-08-12 | ¥ 5,567.00 | ¥ 1,800.00 | ¥ 850.00 | ¥ 8,217.00 | ¥ 111.70 | ¥ 8,105.30 | 4 |
| GSF-55 | 王建美 | 37020219970516**** | 1997-05-16 | ¥ 7,321.00 | ¥30,000.00 | ¥ 1,480.00 | ¥ 38,801.00 | ¥ 5,350.20 | ¥33,450.80 | 1 |
| GSF-56 | 王岳 | 37020219830512**** | 1983-05-12 | ¥ 5,449.00 | ¥ 1,600.00 | ¥ 1,060.00 | ¥ 8,109.00 | ¥ 100.90 | ¥ 8,008.10 | 5 |
| GSF-41 | 王琦 | 37020219920902**** | 1992-09-02 | ¥ 4,312.00 | ¥ 1,000.00 | ¥ 1,480.00 | ¥ 6,392.00 | ¥ 41.76 | ¥ 6,350.24 | 11 |
| GSF-15 | 孙建平 | 37020219910812**** | 1991-08-12 | ¥ 4,365.00 | ¥ 600.00 | ¥ 1,120.00 | ¥ 6,085.00 | ¥ 32.55 | ¥ 6,052.45 | 12 |
| GSF-9 | 萧海东 | 37020219981112**** | 1998-11-12 | ¥ 4,600.00 | ¥ 1,000.00 | ¥ 1,300.00 | ¥ 5,900.00 | ¥ 27.00 | ¥ 5,873.00 | 13 |
| GSF-54 | 张宇 | 37020219970812**** | 1997-08-12 | ¥ 4,236.00 | ¥ 600.00 | ¥ 850.00 | ¥ 5,686.00 | ¥ 20.58 | ¥ 5,665.42 | 14 |

图 4-26 服务部 8 月份工资表效果图

**任务分析**

设计工资表是财务及人力资源部门必不可少的工作之一,设计过程一般有以下几步。

(1) 横向设计。一般包括三部分。

第一部分为基本信息,包括序号、公司、部门、职位、姓名,还有薪点、出勤天数等;有的公司还有工号,工号的好处可避免姓名重复。

第二部分为应发工资对应的二级科目,包括基本工资、绩效工资、司龄工资、津贴补贴、计件工资、销售提成、加班工资和年休假补偿等。

第三部分为代扣代缴、实发工资,包括个税、养老、医疗、工伤、生育、失业保险、公积金、工会费等。

(2) 纵向设计。包括序号、基本信息等的填写和合计。

序号填写要规范。基本信息的录入要完整准确。需要各部门分类做工资表时,最后还需要将它们合并起来,这称为合计。

(3) 规范表式。包括页面设置、字体及大小、小数点和打印需要等。

本任务根据实际需要,具体设计要求如下:

① 在员工加班统计表中根据员工四个周加班时长计算员工每月加班时长。

② 在员工工资表中引用员工加班表的加班费。

③ 在员工工资表中引用员工基本信息表中的身份证号,并根据身份证号求出员工的出生日期。

④ 利用公式或函数设计并核算员工的应发工资、扣税和实发工资等。

⑤ 利用相关公式或函数制作工资统计表。

⑥ 美化表格。

**电子活页目录**

公式与函数电子活页目录如下:

(1) 引用单元格

(2) 公式的应用

(3) 函数的应用

电子活页:公式与函数

**任务实现**

**步骤1** 设计8月份加班统计表

（1）利用合并计算求出8月份加班时长。打开"8月份加班统计"工作簿，其中有5个表，前4个表中分别存放着4个周的加班时长，要求在第5个表"8月份加班统计表"加班时长列中统计出每个员工4个周加班总时长。对两个以上相似表格的内容进行汇总可以采用"合并计算"的方法。具体操作如下：

视频：任务4.2 合并计算8月份加班时长

① 选择工作表"8月份加班统计表"单元格区域C5:C18，单击"数据"选项卡，在"数据工具"工具组中单击"合并计算"按钮，打开"合并计算"对话框，如图4-27所示。

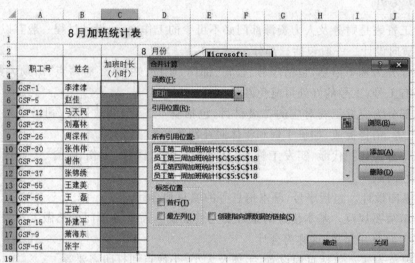

图4-27　合并计算8月份加班时长

② 在"函数"下拉列表中选择"求和"。

③ 将光标置于"引用位置"文本框，单击"员工第一周加班统计表"工作表，选择该工作表的单元格区域C5:C18，单击"添加"按钮，将"员工第一周加班统计表!$C$3:$C$18"添加到"所有引用位置"列表中。

④ 同样，将其他周的加班时长也添加到"所有引用位置"列表中，单击"确定"按钮，完成数据合并。

（2）利用IF函数计算8月份加班费。加班费的计算方法是：每月加班20小时以下，每小时加班费为50元；若每月加班超过20小时，则超过20小时的时间，每小时加班费为60元。可以看出加班费是根据加班时长分段计算的。这种根据条件不同设定不同计算公式的工作，可以用IF函数实现。

视频：任务4.2 利用IF函数计算8月份加班费

IF函数的功能：根据给定的条件进行判断，若条件是真，则返回第二个参数的值；否则返回第三个参数的值。

IF 函数的格式：

IF(Logical_test,Value_if_true,Value_if_false)

IF 函数的参数说明：

Logical_test 表示条件表达式。

Value_if_true 表示条件为真时返回的结果。

Value_if_false 表示条件为假时返回的结果。

具体操作如下：

① 插入函数。选定要插入函数的单元格 D5，单击编辑栏旁边的 $f_x$ 图标，弹出"插入函数"对话框，在"或选择类别"下拉列表框中选择函数类别为"常用函数"，从"选择函数"列表框中选择要输入的 IF 函数，单击"确定"按钮，如图 4-28 所示。

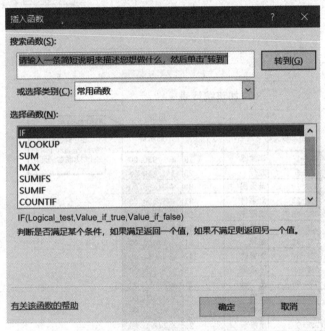

图 4-28 "插入函数"对话框

② 在弹出的"函数参数"对话框中设置函数参数。

第一个参数 Logical_test：需要填写一个条件表达式，此处的判断条件为"C5＞＝20"。

第二个参数 Value_if_true：填写条件成立时，该函数所得到的结果，此处为"20＊50＋(C5－20)＊60"。

第三个参数 Value_if_false：填写条件不成立时，该函数所得的结果，此处为"C5＊50"。

函数参数设置如图 4-29 所示。D5 单元格编辑栏中输入："＝IF(C5＞＝20,20＊50＋(C5－20)＊60,C5＊50)"，单击"确定"按钮，插入函数成功，并在 D5 单元格显示出计算结果。

③ 选定 D5 单元格，向下拖动填充柄填充该公式至单元格 D18，效果如图 4-30 所示。

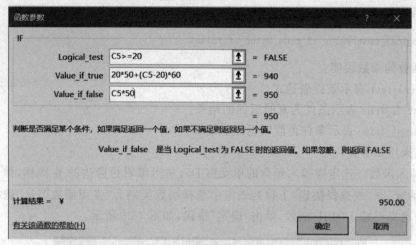

图 4-29 “函数参数”对话框

| | A | B | C | D |
|---|---|---|---|---|
| 1 | 8月加班统计表 | | | |
| 2 | | | | 8 月份 |
| 3–4 | 职工号 | 姓名 | 加班时长（小时） | 加班费 |
| 5 | GSF-1 | 李津津 | 19 | ¥ 950.00 |
| 6 | GSF-5 | 赵佳 | 23 | ¥ 1,150.00 |
| 7 | GSF-12 | 马天民 | 30 | ¥ 1,500.00 |
| 8 | GSF-23 | 刘嘉林 | 31 | ¥ 1,550.00 |
| 9 | GSF-26 | 周深伟 | 20 | ¥ 1,000.00 |
| 10 | GSF-30 | 张伟伟 | 16 | ¥ 800.00 |
| 11 | GSF-32 | 谢伟 | 21 | ¥ 1,050.00 |
| 12 | GSF-37 | 张锦绣 | 17 | ¥ 850.00 |
| 13 | GSF-55 | 王建美 | 28 | ¥ 1,400.00 |
| 14 | GSF-56 | 王　磊 | 21 | ¥ 1,050.00 |
| 15 | GSF-41 | 王琦 | 28 | ¥ 1,400.00 |
| 16 | GSF-15 | 孙建平 | 22 | ¥ 1,100.00 |
| 17 | GSF-9 | 萧海东 | 25 | ¥ 1,250.00 |
| 18 | GSF-54 | 张宇 | 17 | ¥ 850.00 |

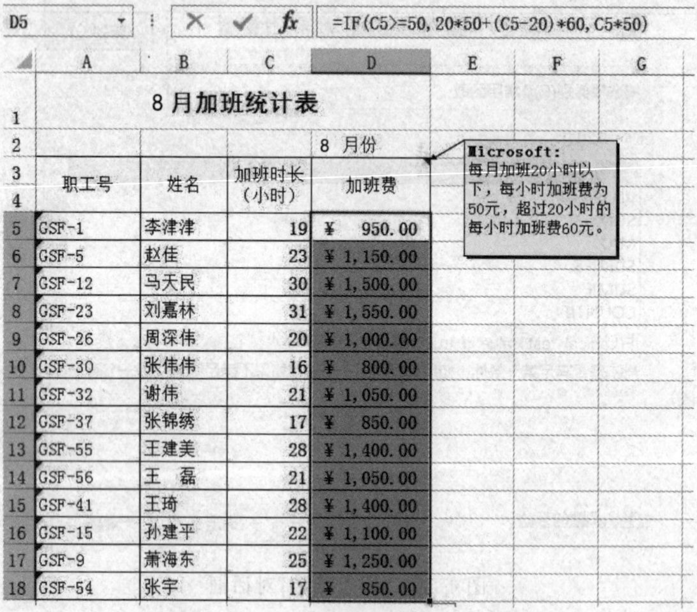

图 4-30 8 月份加班统计表效果图

**步骤 2** 设计员工工资表

(1) 用 VLOOKUP 函数从员工信息表中查找姓名对应的身份证号。

VLOOKUP 函数功能：根据已知的参照值，在一定数据范围内查找与之对应的值。

视频：任务 4.2 用 VLOOKUP 函数求身份证号

VLOOKUP 函数格式：

```
VLOOKUP(Lookup_value,Table_array,Col_index_num,Range_lookup)
```

VLOOKUP 函数参数说明：

Lookup_value 表示已知参照值。

Table_array 表示要查找数据的区域,首列必须为已知参照值。

Col_index_num 表示要查找的值在查找区域中属于第几列。

Range_lookup 表示一逻辑值,选 FALSE 是精确匹配,选 TRUE 是大致匹配。

具体操作如下:

① 单击 C3 单元格,在"插入函数"对话框中插入函数 VLOOKUP,出现"函数参数"对话框,如图 4-31 所示。

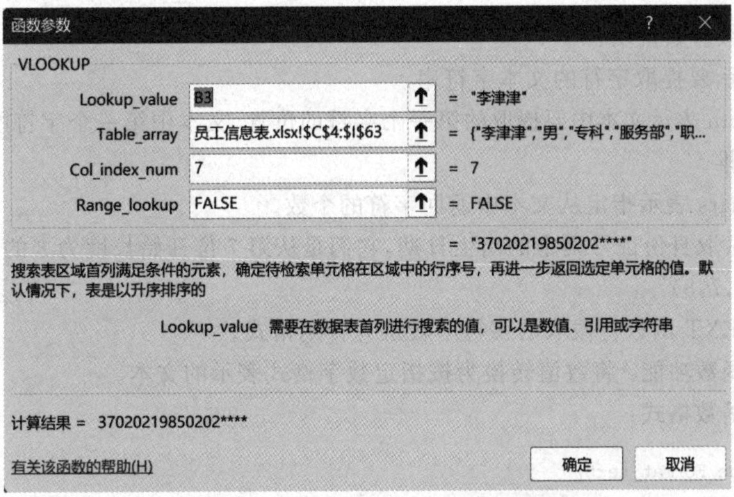

图 4-31 设置 VLOOKUP 函数的参数

② 设置参数。

第一个参数 Lookup_value:为已知参照值,此处是指员工的姓名所在单元格 B3。

第二个参数 Table_array:是指要查找的区域。在该区域里,已知参照值必须是首列,而要查找的身份证号也必须在这个区域里。所以选定这段区域为"员工信息表.xlsx!＄C＄4:＄I＄63"。

第三个参数 Col_index_num:表示要查找的列在查找区域属于第几列,从查找区域首列"姓名"列开始计数,要查找的"身份证号"列在查找区域是第 7 列,所以填 7。

第四个参数 Range_lookup:表示匹配方式,此处采用精确匹配,填 FALSE。

对应的 C3 单元格编辑栏内输入的公式是"= VLOOKUP(B3,员工信息表.xlsx!＄C＄4:＄I＄63,7,FALSE)"。

③ 单击"确定"按钮,函数插入成功。拖动填充柄,填充公式至单元格 C16,"身份证号"列填充完成。

(2) 用 MID、TEXT 函数根据身份证号求出员工的出生日期。身份证号码是公民的唯一信息编码,它由 18 位数字组成,包含了丰富的信息。按从左到右数 1～6 位表示出生地编码,7～10 位表示出生年份,11、12 位表示出生月份,13、14 位表示出生日,15、16 位表示出生顺序编号,17 位表示性别标号,18 位表示校验码。其中字母 X 用来代替数字 10。

视频:任务 4.2 员工出生日期的计算

怎么从一个人的身份证号得到他的出生日期呢？首先截取身份证号的 7～14 位出生日期字符串，然后，将该字符串转换为日期格式就可以了。具体操作如下：

① 用 MID 函数截取出生日期字符串。

MID 函数功能：从文本字符串中指定起始位置返回指定长度的字符。

MID 函数格式：

MID(Text,Start_num,Num_chars)

MID 函数参数说明：

Text 表示要提取字符的文本字符串。

Start_num 表示文本中要提取的第一个字符的位置，文本中第一个字符的 Start_num 为 1，以此类推。

Num_chars 表示指定从文本中返回字符的个数。

本例需截取身份证号列中的出生日期，它们是从第 7 位开始长度为 8 的字符串，可写作"MID(C3,7,8)"。

② 用 TEXT 函数将截取的字符串转换为日期格式。

TEXT 函数功能：将数值转换为按指定数字格式表示的文本。

TEXT 函数格式：

TEXT(Value,Format_text)

TEXT 函数参数说明：

Value 表示数值、计算结果为数值的公式，或对包含数值的单元格的引用。

Format_text 表示文本形式的数字格式。

日期格式写作 0000-00-00，表示形如 1921-03-12 形式的日期；也可写作 0000 年 00 月 00 日，表示形如"1921 年 03 月 12 日"形式的日期。本例将①中截取的字符串转换为日期格式，可写作："TEXT(MID(C3,7,8),"0000-00-00")"。

③ 单击 D3 单元格，在编辑栏中输入上述公式，如图 4-32 所示。按 Enter 键，得到 D3 结果。拖动填充柄，填充出生日期列。

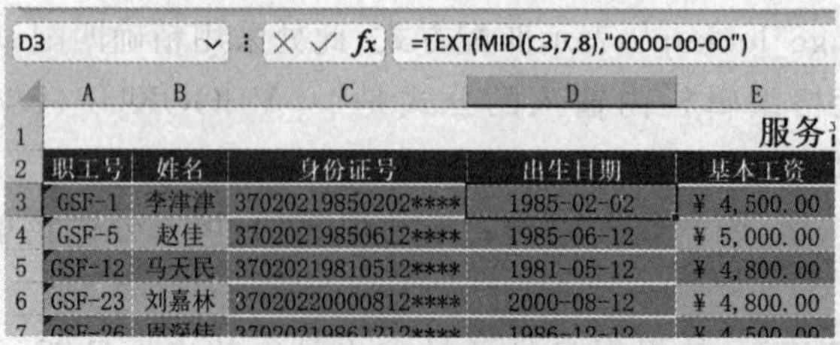

图 4-32　求出生日期列

（3）引用加班费到员工工资表。单击加班费列的 G3 单元格，输入"="，选择加班统计表加班费列对应的 D5 单元格，在员工工资表编辑栏中显示"=［员工加班统计表.xlsx］员工 8 月份加班统计！＄D＄5"，取消行的绝对引用，即将 G3 编辑栏改为"=［员工加班统计表.xlsx］员工

视频：任务 4.2
引用加班费

8月份加班统计！\$D5",按Enter键,加班费被引用到了员工工资表G3单元格中。拖动填充柄,填充下面的加班费,如图4-33所示。

图4-33 加班费的引用

(4) 计算应发工资。应发工资的计算公式为：应发工资＝基本工资＋绩效奖金＋加班费。

操作方法：在应发工资H3栏中输入公式"＝E3＋F3＋G3",按Enter键,得到计算结果。然后向下填充公式,计算每个员工的应发工资。

视频：任务4.2 计算应发工资和扣税

(5) 用IF函数计算扣税。2018年10月1日起,我国实施最新起征点和税率,起征点为每月5000元。具体的扣税计算方法如下。

应发工资≤5000：扣税＝0；

5000＜应发工资＜8000：扣税＝(应发工资－5000)×3%；

8000≤应发工资＜17000：扣税＝(应发工资－5000)×10%－210；

应发工资≥17000：扣税＝(应发工资－5000)×20%－1410

可以通过IF函数的多重嵌套来实现多个条件的设定。其对应的单元格I3中应输入如下："＝IF(H3＜＝5000,0,IF(H3＜＝8000,(H3－5000)*0.03,IF(H3＜＝17000,(H3－5000)*0.1－210,(H3－5000)*0.2－1410)))"。按Enter键,然后拖动填充柄,向下填充即可。

(6) 用公式求实发工资。实发工资的计算方法为：实发工资＝应发工资－扣税。

在实发工资对应的J3单元格中输入公式"＝H3－I3",则得实发工资值。拖动填充柄,向下填充即可。

(7) 用RANK函数计算工资排名。

RANK函数的功能：返回指定数值在一列数值中的排位。

RANK函数的格式：

视频：任务4.2 计算实发工资和排名

RANK(Number,Ref,Order)

RANK函数参数说明：

Number表示需要排名的单元格；

Ref 表示排名的区域范围(一般需要绝对引用);
Order 表示指定排名的方式(0 或省略为降序;非 0 值为升序)。
具体操作如下:
① 单击 K3 单元格,在"插入函数"对话框中选择 RANK 函数。
② 设置 RANK 函数的参数。
参数 Number 是需要排名的单元格,此处是实发工资中的 J3 单元格。
参数 Ref 为排名的范围,此处是实发工资区域 J3:J16。因为在复制公式时此区域不变,所以必须采用绝对引用,可写作"＄J＄3:＄J＄16"。
参数 Order 为排名方式,排名次用降序,所以可省略,也可填 0。
设置参数如图 4-34 所示。编辑栏中对应的内容为"＝RANK(J3,＄J＄3:＄J＄16)"。

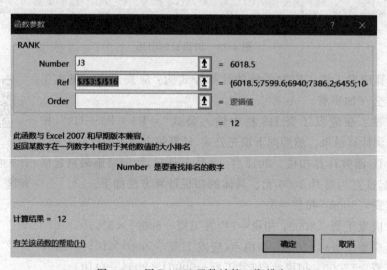

图 4-34　用 RANK 函数计算工资排名

---- 知识点拨 ----

Excel 提供了三种不同的引用类型:相对引用、绝对引用和混合引用(可用功能键 F4 切换三种类型)。

① 相对引用:直接引用单元格区域名,不需要加"＄"符号。复制公式时,单元格和被引用的单元格之间仍保持这种相对位置关系,所以单元格中的值会变化。

② 绝对引用:绝对引用单元格时,单元格列标、行号前都有"＄"符号,复制公式时所引用的单元格都不变,因而引用的数据也不变。

③ 混合引用:混合引用是指单元格中既有相对引用又有绝对引用。绝对引用的行或列前加"＄",相对引用的不加"＄"。在复制公式时,绝对引用的位置不变化,而相对引用的位置会变化。

(8) 调整美化表格。将表格数据区域设置为会计专用数据格式,职工号中设置固定输入内容"GSF-",标题行合并后居中,设置合适的标题字体,表格套用中等深浅 9 样式,效果如图 4-26 所示。

**步骤 3** 设计工资统计表

(1) 在"员工工资.xlsx"工作簿中插入新工作表,命名为"工资统计表"。在"工资统计表"中输入如下内容,设置相应的格式,效果如图 4-35 所示。

| | A | B |
|---|---|---|
| 1 | 工资统计 | |
| 2 | 统计项目 | 统计结果 |
| 3 | 实发工资总值 | |
| 4 | 实发工资平均值 | |
| 5 | 实发工资最高值 | |
| 6 | 实发工资最低值 | |
| 7 | 绩效奖金大于1000元的总实发工资 | |
| 8 | 绩效奖金大于1000元且基本工资小于6000元的总实发工资 | |
| 9 | 实发工资大于或等于10000元的人数 | |
| 10 | 8000元<=实发工资大于或等于8000元且小于10000元的人数 | |
| 11 | 实发工资小于8000元的人数 | |
| 12 | 工资表总人数 | |

图 4-35 工资统计表

(2) 利用函数统计相应的数据,填入统计结果列。

① 用 SUM 函数计算实发工资总值。

SUM 函数功能:返回单元格区域中所有数值的和。

SUM 函数格式:

`SUM(Number1,Number2,…)`

视频:任务 4.2 工资统计表中实发工资统计

求实发工资总值可写作"=SUM(员工工资表!J3:J16)"。

② 用 AVERAGE 函数计算实发工资平均值。

AVERAGE 函数功能:返回单元格区域中所有数值的平均值。

AVERAGE 函数格式:

`AVERAGE(Number1,Number2,…)`

求实发工资平均值可写作"=AVERAGE(员工工资表!J3:J16)"。

③ 用 MAX 函数计算实发工资最高值

MAX 函数功能:返回单元格区域中所有数值的最大值。

MAX 函数格式:

`MAX(Number1,Number2,…)`

求实发工资最高值可写作"=MAX(员工工资表!J3:J16)"。

④ 用 MIN 函数计算实发工资最低值

MIN 函数功能:返回单元格区域中所有数值的最小值。

MIN 函数格式:

`MIN(Number1,Number2,…)`

求实发工资最低值可写作"=MIN(员工工资表!J3:J16)"。

⑤ 用 COUNTIF 函数计算满足条件的人数

COUNTIF 函数功能：计算某个区域中满足给定条件的单元格数目。

COUNTIF 函数格式：

COUNTIF(Range,Criteria)

视频：任务 4.2 工资统计表中统计满足条件的人数

COUNTIF 函数参数说明：

Range 表示要统计的区域。

Criteria 表示需满足的条件。

统计实发工资大于或等于 10000 元的人数时，统计区域为员工工资表实发工资区域："员工工资表!J3:J16"，条件为">=10000"，参数设置如图 4-36 所示。编辑栏公式写作"=COUNTIF(员工工资表!J3:J16,">=10000")"。

统计实发工资大于或等于 8000 元且小于 10000 元的人数时，可以用大于 8000 元的人数减去大于 10000 元的人数，公式可写作"=COUNTIF(员工工资表!J3:J16,">=8000")-COUNTIF(员工工资表!J3:J16,">=10000")"。

统计实发工资小于 8000 元的人数时，可写作"=COUNTIF(员工工资表!J3:J16,"<8000")"。

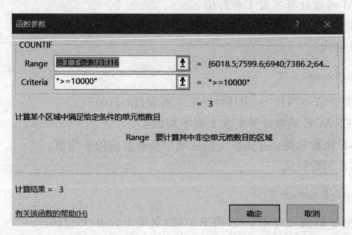

图 4-36　实发工资大于或等于 10000 的人数时 COUNTIF 函数参数的设置

⑥ 用 COUNTA 函数计算工资表中的总人数

COUNTA 函数功能：计算参数中包含非空单元格的个数。

COUNTA 函数格式：

COUNTA(Value1,Value2,...)

统计总人数可写作"=COUNTA(员工工资表!B3:B16)"。

⑦ 用 SUMIF 函数统计绩效奖金大于 1000 元的员工的实发工资总和。

SUMIF 函数功能：根据指定条件对若干单元格区域求和。

SUMIF 函数格式：

SUMIF(Range,Criteria,Sum_range)

视频：任务 4.2 工资统计表中用 SUMIF 函数求和

SUMIF 函数参数说明：

Range 表示条件区域，用于条件判断的单元格区域。

Criteria 表示求和条件，由数字、逻辑表达式等组成的判定条件。

Sum_range 表示实际需要求和的单元格区域，当省略时条件区域就是实际求和区域。

计算绩效奖金大于 1000 元的员工实发工资之和时，条件区域为绩效奖金区域"员工工资表!F3:F16"，条件为">1000"，求和区域为实发工资区域"员工工资表!J3:J16"，参数设置如图 4-37 所示。编辑栏公式写作"＝SUMIF(员工工资表!F3:F16,">1000",员工工资表!J3:J16)"。

图 4-37　SUMIF 函数参数的设置

⑧ 用 SUMIFS 函数统计绩效奖金大于 1000 元且基本工资小于 6000 元的员工实发工资总和

SUMIFS 函数功能：根据多个条件对单元格区域求和。

SUMIFS 函数格式：

```
SUMIFS(Sum_range,Criteria_range1,Criteria1,[Criteria_range2,Criteria2],…)
```

视频：任务 4.2 工资统计表中用 SUMIFS 函数求和

SUMIFS 函数参数说明：

Sum_range 表示实际需要求和的区域。

Criteria_range1 表示第一个条件区域。

Criteria1 表示条件 1。

Criteria_range2 表示第二个条件区域。

Criteria2 表示条件 2。

其中 Criteria_range 和 Criteria 成对出现。

计算绩效奖金大于 1000 元并且基本工资小于 6000 元的员工实发工资总和有两个条件：一是绩效奖金大于 1000 元，二是基本工资小于 6000 元，参数设置如图 4-38 所示。编辑栏中的公式写作"＝SUMIFS(员工工资表!J3:J16,员工工资表!F3:F16,">1000",员工工资表!E3:E16,"<6000")"。

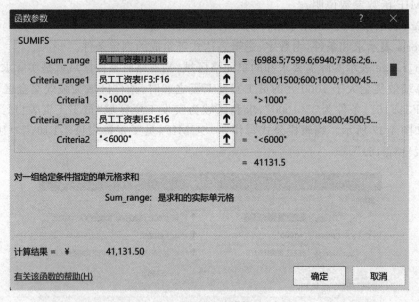

图 4-38　SUMIFS 函数参数的设置

---

**多读善思**

**个税专项附加扣除**

个税专项附加扣除(全称：个人所得税专项附加扣除)是指个人所得税法规定的子女教育、继续教育、大病医疗、住房贷款利息、住房租金、赡养老人、婴幼儿照护等七项专项附加扣除。在计算综合所得应纳税额时，可以额外扣除这些项目，这是落实新修订的个人所得税法的配套措施之一。专项附加扣除可以减轻个人税负，反映不同家庭的负担情况，调节收入分配。专项附加扣除信息需要在每年 12 月进行确认，才能在下一个年度继续享受税前扣除。

---

**多彩课堂**

通过网络搜索和社会调研，请同学们了解我国当前的税收制度，讨论交流国家如何通过税收制度调节个人收入分配，促进社会公平的。

---

## 巩固提升

下面进行学生期末成绩统计表设计。

### 1. 任务要求

信息工程系要对现代学徒制班学生的期末成绩做统计，掌握学生的学习情况，以便于做学情分析，改进教学方法，学生成绩表如图 4-39 所示。请用 Excel 中的公式或函数统计填充空白处的数据。

| | A | B | C | D | E | F | G | H | I | J | K | L |
|---|---|---|---|---|---|---|---|---|---|---|---|---|
| | 信工系期末考试成绩表 ||||||||||||
| | 学号 | 班级 | 年级 | 姓名 | 性别 | C语言 | 英语 | 数学 | 平均分 | 总分 | 名次 | 总评 |
| | 202301001 | 计算机1班 | | 于洪涛 | 男 | 74 | 68 | 85 | | | | |
| | 202301002 | 计算机1班 | | 于国防 | 男 | 61 | 92 | 79 | | | | |
| | 202301003 | 计算机1班 | | 马建民 | 男 | 96 | 90 | 95 | | | | |
| | 202301004 | 计算机1班 | | 王霞 | 女 | 67 | 85 | 74 | | | | |
| | 202301005 | 计算机1班 | | 王建美 | 女 | 70 | 79 | 61 | | | | |
| | 202301006 | 计算机1班 | | 王磊 | 男 | 91 | 83 | 80 | | | | |
| | 202301007 | 计算机1班 | | 艾晓敏 | 女 | 92 | 74 | 67 | | | | |
| | 202301008 | 计算机1班 | | 刘方明 | 男 | 60 | 61 | 60 | | | | |
| | 202301009 | 计算机1班 | | 刘大力 | 男 | 85 | 80 | 91 | | | | |
| | 202301010 | 计算机1班 | | 刘国强 | 男 | 89 | 88 | 93 | | | | |
| | 202401019 | 软件1班 | | 张军 | 男 | 84 | 74 | 84 | | | | |
| | 202401020 | 软件1班 | | 李嘉 | 女 | 63 | 84 | 63 | | | | |
| | 202401021 | 软件1班 | | 李赫相 | 男 | 89 | 63 | 89 | | | | |
| | 202401022 | 软件1班 | | 李单辉 | 男 | 50 | 65 | 50 | | | | |
| | 202401023 | 软件1班 | | 李美红 | 女 | 68 | 82 | 68 | | | | |
| | 202401024 | 软件1班 | | 肖桂蕊 | 女 | 64 | 70 | 92 | | | | |
| | 202401025 | 软件1班 | | 肖莲 | 女 | 79 | 90 | 89 | | | | |
| | 计算机1班总分 ||||||||||||
| | 计算机1班男生总分 ||||||||||||
| | 平均分 ||||||||||||
| | >90分的人数 ||||||||||||
| | 80~90分的人数 ||||||||||||
| | <60分的人数 ||||||||||||
| | 最高分 ||||||||||||
| | 最高分同学姓名 ||||||||||||
| | 最低分 ||||||||||||
| | 最低分同学姓名 ||||||||||||

要求：
(1)已知学号的前四位数是入学年份，用MID函数计算对应的年级，形如2023。
(2)分别用SUM、AVERAGE、RANK 函数计算总分和名次，平均分结果要保留两位小数。
(3)用IF 函数根据平均分求总评。具体要求是：85分以上为优秀，75~84分为良好、60~74分为及格，否则为不及格。
(4)用SUMIF函数计算计算机1班每门课的总分。
(5)用SUMIFS函数计算计算机1班男生每门课的总分。
(6)用AVERAGE函数计算每门课的平均分。
(7)用COUNTIF函数分别计算每门课大于90分、80~90分和小于60分的人数。
(8)用MAX和MIN函数计算每门课最高分和最低分。
(9)用VLOOKUP函数计算每门课最高分和最低分对应的学生姓名。

图 4-39 学生成绩表

**2．任务实施**

(1)已知学号的前四位数是入学年份，用 MID 函数计算对应的年级，形如 2023。

(2)分别用 SUM、AVERAGE、RANK 函数计算平均分、总分和名次，平均分结果要求保留两位小数。

(3)用 IF 函数根据平均分求总评。具体要求是：85 分以上为优秀，75～84 分为良好，60～74 分为及格，否则为不及格。

(4)用 SUMIF 函数计算计算机 1 班每门课的总分。

(5)用 SUMIFS 函数计算计算机 1 班男生每门课的总分。

(6)用 AVERAGE 函数计算每门课的平均分。

(7)用 COUNTIF 函数分别计算每门课大于 90 分、80～90 分和小于 60 分的人数。

(8)用 MAX 和 MIN 函数计算每门课最高分和最低分。

(9)用 VLOOKUP 函数计算每门课最高分和最低分对应的学生姓名。

# 任务 4.3　新能源汽车销量数据处理

### 学习目标

知识目标：掌握排序、筛选、分类汇总、数据透视等数据处理方法，能够熟练利用 Excel 软件对数据进行数据处理和分析。

能力目标：培养学生认真严谨的学习态度，提高逻辑思维和分析能力。

素养目标：提高对数字的敏感度和精准度，培养数字化信息素养。

### 建议学时

4 学时

### 任务要求

公司销售部要对 2023 年新能源汽车销量数据进行处理分析。要求详细分析不同车型、在不同月份的销售数量以及利润变化，从而得到更有价值的分析结果，给企业发展提供正确有效的决策依据。

### 任务分析

Excel 不仅具有数据计算能力，还具有数据管理功能，特别是在数据处理分析方面更加便捷高效，所以可以利用 Excel 软件中的排序、筛选和分类汇总以及数据透视表等数据管理工具完成本任务。

具体设计要求如下：

(1) 采用排序工具，根据给定的排序依据，对数据进行排序。

(2) 采用自动筛选工具，根据给定的条件，筛选出需要的结果。

(3) 采用高级筛选工具，设置较复杂的条件，筛选出需要的结果。

(4) 采用分类汇总工具，根据需要分类汇总数据。

(5) 采用数据透视工具，对数据进行交叉分析，得到需要的结果。

### 电子活页目录

数据处理与统计电子活页目录如下：

(1) 什么是数据清单

(2) 正确设置高级筛选

(3) 对数据进行分类汇总

(4) 应用数据透视表

电子活页：数据处理与统计

### 任务实施

**步骤 1　创建统计表**

(1) 新建 Excel 文件，保存为"2023 年汽车销量统计表.xlsx"。

（2）单击"数据"选项卡 1，在"获取和转换数据"工具组中单击"获取数据"按钮，选择"来自数据库"→"从 Microsoft Access 数据库"命令，将文件"2023 年汽车销量统计.accdb"导入导航器，并在导航器中选择"2023 年汽车销量统计表"，单击"加载"按钮，将表中的数据加载到当前工作表中，如图 4-40 所示。

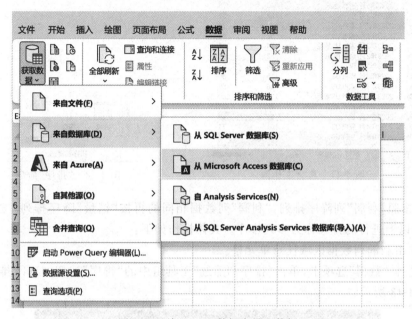

图 4-40 从 Access 数据库导入数据

（3）将当前工作表第一列 ID 列删除，重命名该工作表为"素材"。在其后依次新建排序、筛选、分类汇总和数据透视表，用于存放相应数据分析结果。如图 4-41 所示。

---

**知识点拨**

大数据时代，每时每刻都有海量的数据需要存放和管理。数据库是按照一定的数据结构来组织、存储和管理数据的仓库。数据库管理系统是一种操纵和管理数据库的大型软件，用于建立、应用和维护数据库。目前流行的数据库管理系统有 Oracle、MySQL 和 SQL Server 等。

Access 是 Office 组件之一，它是一款数据库应用开发软件，可以存放、处理数据，也可以进行一些小型的软件开发。

这些数据库中的数据都可以与 Excel 数据通过导入及导出实现数据转换。

---

**步骤 2** 对相关数据排序

（1）按照"利润"列升序排列。这种只按照一列进行的排序称为单列排序。具体操作如下：

① 单击利润列数据区域中的任意单元格。

② 选择"数据"选项卡，单击"排序和筛选"工具组中的图标 ，如图 4-42 所示，即可得到所需的排序结果。将它们复制到排序工作表合适位置。

视频：任务 4.3
对相关数据排序

图 4-41　素材工作簿

图 4-42　"排序"命令

（2）按照"利润"列降序排列，"利润"列数据相同的再按"销量"降序排列。这种按两列或两列以上进行的排序称为多列排序。具体操作如下：

① 单击利润列数据区域任意单元格。

② 选择"数据"选项卡，单击"排序和筛选"工具组中的"排序"按钮，打开"排序"对话框，如图 4-43 所示。

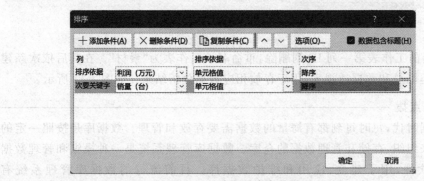

图 4-43　多列排序条件设置

③ 在"主要关键字"下拉列表中选择"利润"选项，在"排序依据"下拉列表中选择"单元格数值"选项，"次序"设置为"降序"。

④ 单击"排序"对话框中的"添加条件"按钮，添加第二个条件。在"次要关键字"中选择"销量"，在"排序依据"中选择"单元格数值"，"次序"设置为"降序"。

⑤ 单击"确定"按钮，排序完成。将排序结果复制到排序工作表合适位置。

（3）按照汽车品牌的汉字笔画顺序升序排列。排序依据可以按照默认字母顺序，也可按照汉字的笔画顺序进行排序。具体操作如下：

① 选择汽车品牌列数据区域的任意单元格，并打开"排序"对话框。

② 在"主要关键字"下拉列表中选择"汽车品牌"选项，在"排序依据"下拉列表中选择"单元格数值"选项；单击"选项"按钮，弹出如图 4-44 所示的对话框，选择"笔画排序"。

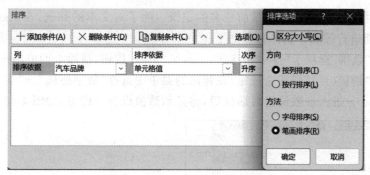

图 4-44 设置排序方法为笔画排序

③ 单击“确定”按钮，返回“排序”对话框，在“次序”下拉列表中选择“升序”选项，确定即可。

**步骤 3** 对数据进行筛选

(1) 利用自动筛选功能筛选出 2023 年 2 月份销售记录。自动筛选是以表格中某几列的值为依据进行数据筛选。具体操作如下：

视频：任务 4.3 对数据进行自动筛选

① 单击数据区域的任意单元格，在“数据”选项卡的“排序和筛选”工具组中单击“筛选”按钮，进入筛选状态，在数据区域首行每个标题的右侧显示一个筛选按钮，如图 4-45 所示。

② 单击“月份”右侧的筛选按钮，打开如图 4-46 所示的筛选列表。取消“(全选)”复选框，勾选“2023 年”下的“2 月”复选框，单击“确定”按钮，得到筛选结果。将筛选结果复制到筛选工作表合适位置。

2023年比亚迪汽车销量统计

| 月份 | 汽车品牌 | 销量（台） | 利润（万元） |
|---|---|---|---|
| 2023年1月 | 汉 | 45 | 79 |
| 2023年2月 | 汉 | 52 | 91 |
| 2023年3月 | 汉 | 48 | 84 |
| 2023年4月 | 汉 | 51 | 89 |
| 2023年5月 | 汉 | 42 | 74 |
| 2023年6月 | 汉 | 41 | 71 |
| 2023年7月 | 汉 | 59 | 103 |
| 2023年8月 | 汉 | 54 | 95 |
| 2023年9月 | 汉 | 75 | 132 |
| 2023年10月 | 汉 | 86 | 150 |
| 2023年11月 | 汉 | 100 | 175 |
| 2023年12月 | 汉 | 101 | 176 |
| 2023年1月 | 秦PLUS | 128 | 89 |
| 2023年2月 | 秦PLUS | 113 | 79 |
| 2023年3月 | 秦PLUS | 115 | 80 |
| 2023年4月 | 秦PLUS | 101 | 71 |
| 2023年5月 | 秦PLUS | 90 | 63 |
| 2023年6月 | 秦PLUS | 117 | 82 |
| 2023年7月 | 秦PLUS | 150 | 105 |
| 2023年8月 | 秦PLUS | 178 | 125 |
| 2023年9月 | 秦PLUS | 180 | 126 |

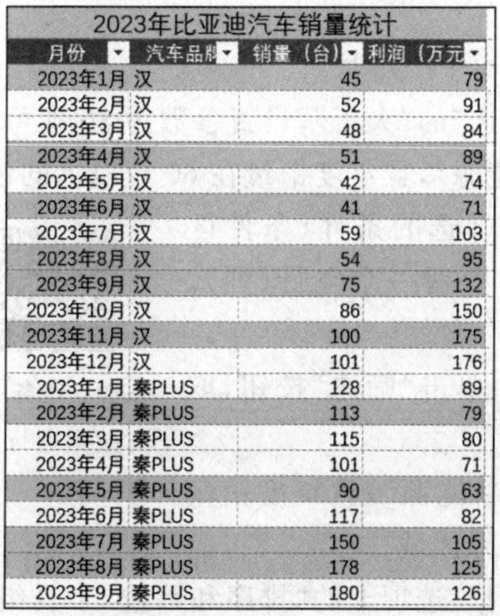

图 4-45 进入筛选状态

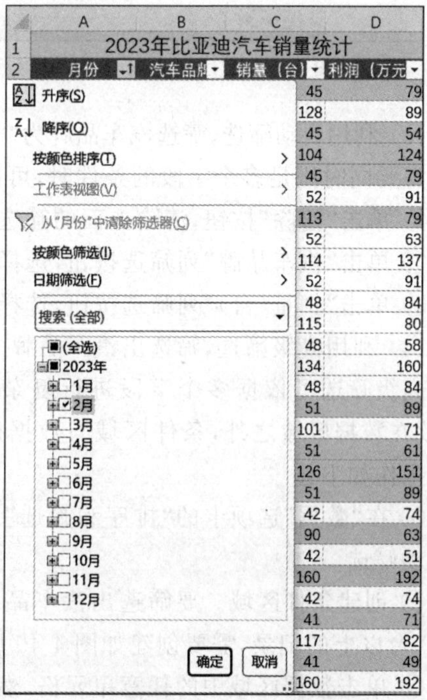

图 4-46 对 2023 年 2 月的筛选列表

(2) 利用自动筛选,筛选销量前三名的记录。除了对文本的筛选,在 Excel 中还可以对数值或日期进行筛选。具体操作如下:

① 单击"数据"选项卡"排序和筛选"工具组"清除"按钮,清除上面的筛选。

② 单击"销量(台)"列筛选按钮,在弹出的菜单中选择"数字筛选"→"前 10 项"命令,如图 4-47 所示。进入参数设置对话框后,将显示数值设为 3 即可,如图 4-48 所示。

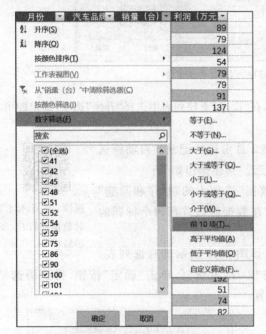

图 4-47 数字筛选前 3 项　　　　　　图 4-48 设置自动筛选的显示参数

(3) 利用自动筛选,筛选汽车品牌为"汉"或者"秦 PLUS",且销量在 80 台以上的记录。需要同时满足多个字段的条件时,可以使用多字段筛选。具体操作如下:

① 单击"清除"按钮,清除上面的筛选。

② 单击"汽车品牌"列筛选按钮,选择"汉"和"秦 PLUS"。

③ 单击"销量(台)"列筛选按钮,选择"数字筛选"的"大于",设置参数为 80 即可。

(4) 利用高级筛选,筛选出汽车品牌为"唐新能源",且年度销量在 60 台以上的记录。高级筛选可依据多个字段进行复杂的筛选,筛选的条件(条件区域)放在数据区域之外,条件区域与数据区域至少要留一个空行(列)。具体操作如下:

① 在"数据"选项卡的"排序和筛选"工具组中单击"筛选"按钮,取消自动筛选。

② 创建条件区域。要筛选出汽车品牌为"唐新能源",且年度销量在 60 台以上的记录,需要创建如图 4-49 所示的条件区域。

③ 单击数据区域中的任意单元格,然后在"数据"选项卡的"排序和筛选"工具组中单击"高级"按钮,打开"高级筛选"对话框,在列表区域中选择原数据区域;在"条件区域"中选择之前定义的条件区域,如图 4-50 所示。

视频:任务 4.3 对数据进行高级筛选

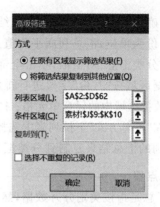

| 汽车品牌 | 销量（台） |
|---|---|
| 唐新能源 | >=60 |

图 4-49　高级筛选条件区域　　　　图 4-50　"高级筛选"对话框

④ 单击"确定"按钮，即可筛选出满足条件的数据。将筛选结果复制到筛选工作表中。

(5) 利用"高级筛选"功能筛选出汽车品牌为"唐新能源"且销量在 60 台以上，或者汽车品牌为"唐新能源"且利润大于或等于 100 的记录。具体操作如下：

① 设置条件区域。此条件既有"与"的关系，又有"或"的关系，要注意"与"的条件放在同一行中，"或"的条件放在不同行中。条件区域设置如图 4-51 所示。

② 对原数据进行高级筛选，将筛选结果复制到筛选工作表中的合适位置。

**步骤 4**　对数据进行分类汇总

(1) 以汽车品牌为单位，汇总各汽车品牌利润总和。具体操作如下：

① 将数据区域按"汽车品牌"字段进行排序。

② 单击数据区域中的任意单元格。在"数据"选项卡的"分级显示"工具组中单击"分类汇总"按钮，打开"分类汇总"对话框。

视频：任务 4.3 对数据进行分类汇总

③ 在"分类汇总"对话框中的"分类字段"下拉列表中选择"汽车品牌"，在"汇总方式"下拉列表中选择"求和"，在"选定汇总项"列表中选择"利润"，如图 4-52 所示。

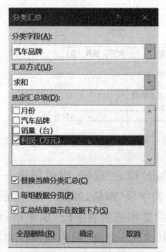

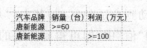

图 4-51　二次高级筛选条件区域　　　　图 4-52　"分类汇总"对话框

④ 单击"确定"按钮,得到分类汇总结果。将结果复制到分类汇总工作表中。

(2) 以月份为单位,汇总利润平均值。具体操作如下:

① 打开"分类汇总"对话框,单击全部删除,删除前面的分类汇总。

② 将数据区域按"月份"字段进行排序。

③ 单击数据区域中的任意单元格;打开"分类汇总"对话框,在"分类字段"下拉列表中选择"月份",在"汇总方式"下拉列表中选择"平均值",在"选定汇总项"列表中选择"利润"。

④ 将得到的汇总结果复制到分类汇总工作表中,并在素材表中删除汇总。

- **知识点拨** -

分类汇总是指按类别分开数据,然后以指定的方式对每类数据进行统计。进行分类汇总时要特别注意以下两点。

① 分类汇总的数据区域必须是一个连续的普通区域,其中不包含空行或空列,也不是被筛选的区域。处于被筛选状态的数据区域必须转换为普通区域才能进行分类汇总。

② 分类汇总前首先必须对要分类的列进行排序,否则无法得到正确的结果。

**步骤 5** 制作数据透视表

制作各月份各汽车品牌的销量数据透视表,效果如图 4-53 所示。

具体操作如下:

视频:任务 4.3 制作数据透视表

(1) 单击数据区域任意单元格,在"插入"选项卡的"表格"工具组中单击"数据透视表"按钮,打开"来自表格或区域的数据透视表"对话框。默认情况下,数据透视表会被创建在一个新工作表中,此处选择"现有工作表"并在"位置"文本框中指定数据透视表 A1 单元格,如图 4-54 所示。

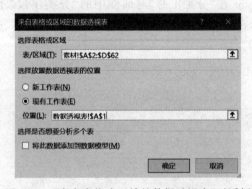

图 4-53 汽车销量数据透视表　　图 4-54 "来自表格或区域的数据透视表"对话框

(2) 单击"确定"按钮,即可创建一个空白的数据透视表,并在窗口的右侧自动显示"数据透视表字段"窗格,如图 4-55 所示。

(3) 在"数据透视表字段"窗格中,将字段名称拖动到合适的区域,其中,"月份"列拖到"筛选"中,"汽车品牌"列拖到"行"中,"销量"列拖到"值"中,即可得到所需的数据透视表,如图 4-56 所示。

项目 4　电子表格制作

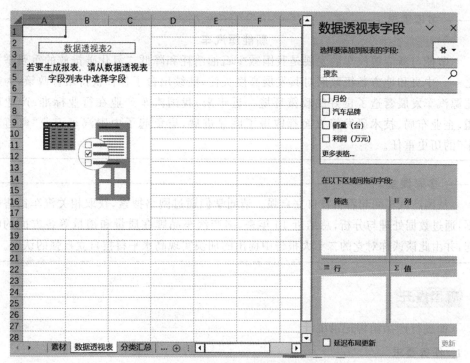

图 4-55　创建一个空白的数据透视表

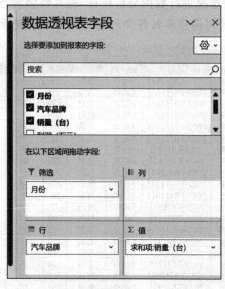

图 4-56　数据透视表字段设置

（4）单击数据透视表,激活"数据透视表工具",选择"设计"选项卡中的"数据透视表样式",应用数据透视表样式浅色 9,并镶边行和列。

在该数据透视表中通过对月份和汽车品牌的选择,可以实现对各个汽车品牌不同月份销量之和的动态查询。

> **多读善思**
>
> **新能源汽车**
>
> 　　节能与新能源汽车的发展是我国减少石油消耗和降低二氧化碳排放的重要举措之一。中央和地方各级政府对其发展高度关注,陆续出台了各种扶持培育政策,为新能源汽车发展营造了良好的政策环境。近年来,我国汽车产业在行业标准、产业联盟、企业布局、技术研发等方面都取得了明显进展,肩负起了中国汽车工业"弯道超车"的历史重任。

> **多彩课堂**
>
> 　　从国产汽车崛起看科技自立自强。请同学们通过网络搜索,获取相关汽车销售数据,通过数据处理与分析,总结近 10 年来,国产汽车品牌在质量和销量等各方面的崛起,并由此谈谈你对党的二十大报告中提出的加快实现高水平科技自立自强的认识。

**巩固提升**

下面进行产品销售记录统计。

**1. 任务要求**

某食品公司主要经营各类干货的零售和批发业务。该公司销售部要求使用 Excel 软件对各地不同超市的销售情况进行数据分析统计,每月将销售数据统计在销售记录表中,如图 4-57 所示。请帮助公司销售部对各类产品的销售记录进行统计。

| | A | B | C | D | E | F | G |
|---|---|---|---|---|---|---|---|
| 1 | 商品名称 | 日期 | 购货商 | 销售地区 | 数量 | 销售单价 | 销售金额 |
| 2 | 开心果 | 2023年8月28日 | D超市 | 杭州 | 78 | 38 | |
| 3 | 开心果 | 2023年8月13日 | C超市 | 青岛 | 158 | 38 | |
| 4 | 开心果 | 2023年8月12日 | B超市 | 北京 | 630 | 38 | |
| 5 | 开心果 | 2023年8月10日 | C超市 | 杭州 | 420 | 38 | |
| 6 | 开心果 | 2023年8月10日 | A超市 | 青岛 | 25 | 38 | |
| 7 | 开心果 | 2023年8月10日 | B超市 | 南京 | 35 | 38 | |
| 8 | 开心果 | 2023年8月9日 | B超市 | 南京 | 50 | 38 | |
| 9 | 开心果 | 2023年8月6日 | D超市 | 杭州 | 225 | 38 | |
| 10 | 牛肉干 | 2023年8月27日 | D超市 | 杭州 | 54 | 30 | |
| 11 | 牛肉干 | 2023年8月12日 | F超市 | 北京 | 275 | 30 | |
| 12 | 牛肉干 | 2023年8月10日 | F超市 | 南京 | 86 | 30 | |
| 13 | 牛肉干 | 2023年8月9日 | F超市 | 青岛 | 42 | 30 | |
| 14 | 牛肉干 | 2023年8月2日 | A超市 | 杭州 | 280 | 30 | |
| 15 | 山核桃 | 2023年8月10日 | B超市 | 北京 | 542 | 35 | |
| 16 | 山核桃 | 2023年8月9日 | C超市 | 北京 | 360 | 35 | |
| 17 | 山核桃 | 2023年8月8日 | A超市 | 青岛 | 280 | 35 | |
| 18 | 山核桃 | 2023年8月3日 | B超市 | 上海 | 100 | 35 | |
| 19 | 香蕉干 | 2023年8月20日 | C超市 | 南京 | 369 | 10 | |
| 20 | 香蕉干 | 2023年8月9日 | B超市 | 北京 | 254 | 10 | |
| 21 | 香蕉干 | 2023年8月4日 | C超市 | 南京 | 80 | 10 | |
| 22 | 腰果 | 2023年8月7日 | E超市 | 青岛 | 210 | 22 | |
| 23 | 榛子 | 2023年8月24日 | F超市 | 青岛 | 85 | 25 | |
| 24 | 榛子 | 2023年8月14日 | F超市 | 北京 | 476 | 25 | |
| 25 | 榛子 | 2023年8月12日 | B超市 | 南京 | 520 | 25 | |

素材 排序 筛选 分类汇总 数据透视表 … +

图 4-57 某食品公司销售统计表

**2. 任务实施**

（1）在素材工作表后依次创建排序、筛选和分类汇总工作表，用来分别存放排序、筛选和分类汇总后的结果。

（2）用公式求出销售金额列。

（3）按照商品名称进行升序排序，如果商品名称相同，再按照日期降序排序。

（4）利用自动筛选功能，筛选出杭州地区销售单价大于30元的商品。

（5）利用自动筛选功能，筛选出销售金额位于前五名的商品名单。

（6）利用高级筛选功能，筛选出2023年8月10日销售单价大于30元的商品。

（7）分类汇总各种商品的总销售金额。

（8）分类汇总各种商品每个地区的平均销售金额。

# 任务 4.4　新能源汽车销量可视化分析

### 学习目标

知识目标：掌握数据的可视化分析方法，能够根据实际分析需求，选择并创建柱形图、饼图、条形图、折线图、雷达图及数据透视图等图表进行数据分析。

能力目标：了解数据可视化表现形式，增强数据分析能力，提高图形编排的审美能力。

素养目标：培养问题意识，辩证分析和解决问题能力，培养热爱并尊重自然的可持续发展理念。

### 建议学时

4学时

### 任务要求

公司销售部要对2023年新能源汽车销量的统计结果进行可视化分析，要求利用Excel的图表制作功能，通过类别数据可视化、数值数据可视化以及时间序列可视化三种数据可视化分析方法，来制作对应的柱形图、饼图、条形图、折线图、雷达图和数据透视图等一系列图表，以便更加直观形象地展示相关数据的变化，给决策者提供更清晰的数据依据。

### 任务分析

可视化数据分析可以直观、清晰地显示不同数据间的差异或规律。在实际工作中，可视化数据分析的关键是制作合适的图表。图表的设置原则如下：

（1）图表要有明确的作用。图表的目的是反映隐藏在数据背后的信息，促进人们对信息的理解。

（2）要考虑图表的受众，确认他们能看懂和接受图表，否则会适得其反。

（3）图表要简洁易懂，让人一目了然地获得信息，过多的数据和细节只能淹没信息。

(4) 在图表标题中要直接说明需要强调的重点。
(5) 系列化的图表应该有独立的风格,并保持一致。
(6) 要有目的并有所克制地使用颜色。

## 电子活页目录

可视化数据分析电子活页目录如下:
(1) 什么是图表
(2) 图表的类型
(3) 图表的组成
(4) 图表的存在形式
(5) 设置图表各选项
(6) 编辑图表的数据源

电子活页:可视化数据分析

## 任务实施

**步骤1** 对汽车销量进行类别数据可视化分析

对于类别数据,主要分析的是不同类别的绝对值和占比情况,常用来展示类别数据的图表有柱形图、条形图和饼图等。

(1) 根据素材表创建各品牌月份销量汇总表。

① 打开"2023年汽车销量.xlsx"文件。

② 在"素材"工作表后面依次新建"汇总结果表""类别可视化分析""数值可视分析""时间序列可视化分析"和"动态数据可视化分析"多个新的工作表,以便存放对应的统计结果。

③ 根据素材表数据,创建各品牌对应月份的销量统计透视表,如图4-58所示。

| 求和项:销量(台) | 列标签 | | | | | | | | | | | | |
|---|---|---|---|---|---|---|---|---|---|---|---|---|---|
| 行标签 | 10月 | 11月 | 12月 | 1月 | 2月 | 3月 | 4月 | 5月 | 6月 | 7月 | 8月 | 9月 | 总计 |
| 汉 | 86 | 100 | 101 | 45 | 52 | 48 | 51 | 42 | 41 | 59 | 54 | 75 | 754 |
| 秦PLUS | 161 | 127 | 116 | 128 | 113 | 115 | 101 | 90 | 117 | 150 | 178 | 180 | 1576 |
| 宋PLUS | 86 | 100 | 101 | 45 | 52 | 48 | 51 | 42 | 41 | 59 | 54 | 75 | 754 |
| 宋PLUS新能源 | 284 | 321 | 250 | 104 | 114 | 134 | 126 | 160 | 160 | 193 | 213 | 232 | 2291 |
| 唐新能源 | 86 | 100 | 101 | 45 | 52 | 48 | 51 | 42 | 41 | 59 | 54 | 75 | 754 |
| 总计 | 703 | 748 | 669 | 367 | 383 | 393 | 380 | 376 | 400 | 520 | 553 | 637 | 6129 |

图4-58 销量统计透视表

④ 将销量统计透视表的数据复制到汇总结果工作表中,整理出2023年比亚迪汽车销量统计表,如图4-59所示。

| | A | B | C | D | E | F | G | H | I | J | K | L | M | N |
|---|---|---|---|---|---|---|---|---|---|---|---|---|---|---|
| 1 | | | | | 2023年比亚迪汽车销量统计 | | | | | | | | | |
| 2 | 汽车品牌 | 1月 | 2月 | 3月 | 4月 | 5月 | 6月 | 7月 | 8月 | 9月 | 10月 | 11月 | 12月 | 总计 |
| 3 | 汉 | 45 | 52 | 48 | 51 | 42 | 41 | 59 | 54 | 75 | 86 | 100 | 101 | 754 |
| 4 | 秦PLUS | 128 | 113 | 115 | 101 | 90 | 117 | 150 | 178 | 180 | 161 | 127 | 116 | 1576 |
| 5 | 宋PLUS | 45 | 52 | 48 | 51 | 42 | 41 | 59 | 54 | 75 | 86 | 100 | 101 | 754 |
| 6 | 宋PLUS新能源 | 104 | 114 | 134 | 126 | 160 | 160 | 193 | 213 | 232 | 284 | 321 | 250 | 2291 |
| 7 | 唐新能源 | 45 | 52 | 48 | 51 | 42 | 41 | 59 | 54 | 75 | 86 | 100 | 101 | 754 |
| 8 | 总计 | 367 | 383 | 393 | 380 | 376 | 400 | 520 | 553 | 637 | 703 | 748 | 669 | 6129 |

图4-59 2023年比亚迪汽车销量统计表

(2) 创建柱形图,分析各汽车品牌的销售情况。

① 插入图表。选择汇总结果表中各汽车品牌数据区域(A2:M7),单击"插入"选项卡中的"图表"工具组,然后打开"插入图表"对话框,选择图表类型为柱形图中的三维簇状柱形图,如图4-60所示,单击"确定"按钮。

② 设置图表布局。单击图表区,选择"图表工具"栏中的"设计"选项卡,在"图表布局"工具组的"快速布局"中选择布局3,如图4-61所示。

视频:任务4.4 对汽车销量进行类别数据可视化分析

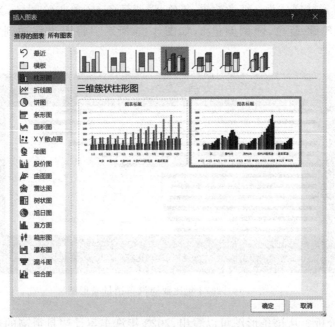

图4-60 "插入图表"对话框

③ 设置图表标题。单击图表区,设置标题为"2023年比亚迪汽车销量柱形图",字体设置为宋体、12号、加粗。

④ 移动图表。单击图表区,在"设计"选项卡的"位置"工具组中单击"移动图表"按钮,将图表移动到"类别可视化分析"工作表中,结果如图4-62所示。

图4-61 设置快速布局3

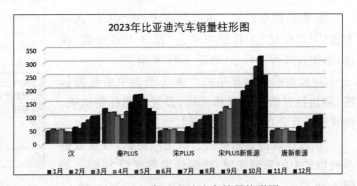

图4-62 2023年比亚迪汽车销量柱形图

⑤ 可视化分析。从该柱形图可以看出,比亚迪汽车的五个品牌中,"宋 PLUS 新能源"市场销量最好,且呈递增趋势。

(3) 创建条形图。

① 插入图表。仿照步骤 2,在条形图工作表中插入各汽车品牌的堆积型条形图。

② 设置图表样式。选择"设计"选项卡中的图表样式,套用图表样式 6。

③ 设置图表格式。单击图表区,选择"图表工具"中的"格式"选项卡,在"形状样式"栏为图表区设置形状样式为:细微效果-蓝色,强调颜色 5;单击绘图区,为绘图区设置形状样式为:彩色轮廓-蓝色,强调颜色 5,如图 4-63 所示。将图表移动到"类别可视化分析"工作表中。

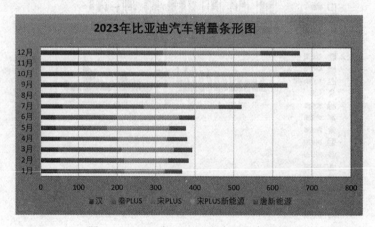

图 4-63　2023 年比亚迪汽车销量条形图

④ 可视化分析。从该条形图可以看出,2023 年汽车累计销量最高的月份为 11 月份,其中,"宋 PLUS 新能源"汽车销量最好。

(4) 创建饼图。

① 插入图表。在汇总结果表中,按 Ctrl 键选择不连续区域:五个汽车品牌以及它们对应的合计值区域(A2:A7,N2:N7),为各品牌汽车建立三维饼图。

② 添加数据标签。单击图表区,在"设计"选项卡的"图表布局"工具组中单击"添加图表元素"按钮,添加内部数据标签,如图 4-64 所示。

③ 设置图表标签格式。单击图表中的数据标签,调出设置数据标签格式栏,设置数据标签选项,使其显示百分比以及类别名称,如图 4-65 所示。

④ 设置数据系列格式。双击绘图区,设置数据系列格式中的系列选项,饼图分离程度设为 6%,如图 4-66 所示。

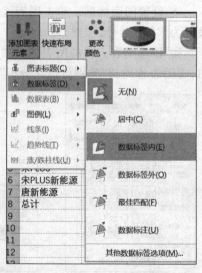

图 4-64　添加数据标签

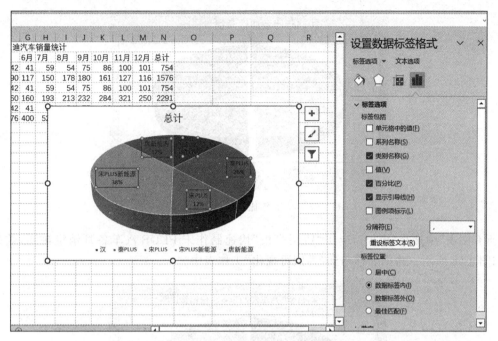

图 4-65 数据标签格式设置

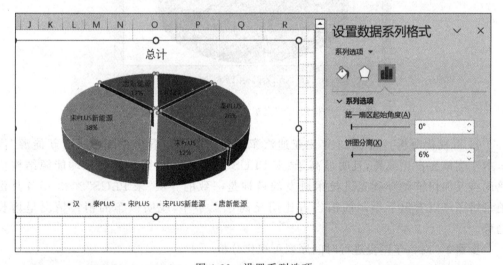

图 4-66 设置系列选项

⑤ 美化图表。设置合适的字体大小和颜色,并将图表区和绘图区设置为不同的形状样式,效果如图 4-67 所示。

⑥ 存为模板。右击图表区,在弹出的快捷菜单中选择"另存为模板"命令,将其保存到默认的目录下,名为"饼图模板"。

⑦ 利用模板制作宋 PLUS 汽车各月份销量饼图。在汇总结果表中,按 Ctrl 键选择不连续区域:宋 PLUS 汽车四季度销量以及对应的标题行(A1:E1,A6:E6)。插入图表,在

图 4-67　2023 年比亚迪汽车销量饼图

"所有图表"中选择"模板",应用"饼图模板"快速制作宋 PLUS 汽车各月销量饼图,效果如图 4-68 所示。将图表移动到"类别可视化"工作表中。

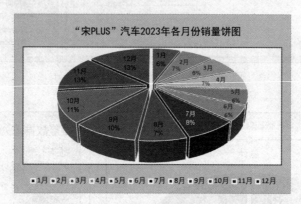

图 4-68　"宋 PLUS"汽车 2023 年各月份销量饼图

⑧ 可视化分析。从 2023 年比亚迪汽车销量饼图可以看出,"宋 PLUS 新能源"汽车本年度销售占比最高,且明显高于"宋 PLUS"。这与二十大提倡的推动能源结构优化调整及加快节能降碳先进技术研发的精神是一致的。从"宋 PLUS"2023 年各月份销量饼图可以看出下半年的销售占比明显高于上半年,说明该车的销售情况呈增长趋势。

**步骤 2**　对汽车销量进行时间序列可视化分析

时间序列可视化分析是一种常见的数据分析形式,可以观察时间序列的变化模式和特征,基本的可视化图形有折线图和面积图。下面通过创建汽车销量折线图,分析各汽车品牌的销量变化情况。

(1)插入折线图。在汇总结果表中,按住 Ctrl 键选择不连续区域,即"秦 PLUS""宋 PLUS 新能源"和"唐新能源"三个品牌汽车的销量数据(A4:M4,A6:M7)以及它们对应的标题行(A2:M2),插入带数据标记的折线图。

视频:任务 4.4 对汽车销量进行时间序列可视化分析

(2) 设置格式。选择快速布局9，单击垂直坐标轴，右击并选择"设置坐标轴格式"命令，在右边调出的坐标轴格式选项中设置最小值为30，最大值为350，如图4-69所示。

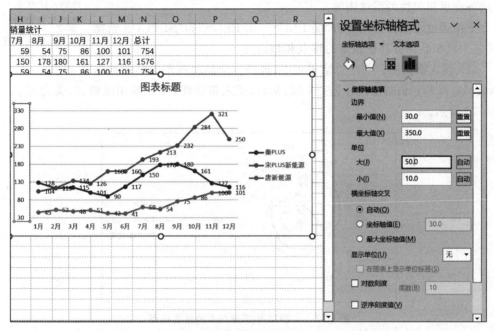

图4-69 设置坐标轴格式

(3) 美化图表。设置图表标题为"2023年部分汽车销量折线图"，图表区加黑色边框，最终效果如图4-70所示。将图表移动到"时间序列可视化分析"工作表中。

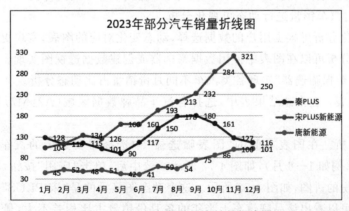

图4-70 2023年部分汽车销量折线图

(4) 可视化分析。从该折线图可以看出，三个汽车品牌销量在2023年整体都呈递增趋势。但"宋PLUS新能源"汽车显然增势更加喜人，"唐新能源"汽车的销量增势比较平缓。"秦PLUS"汽车销量增势起伏较大。

**步骤 3**  对汽车销量进行数值数据可视化分析

数值数据分析主要展示数据的特征和数据间的关系。常用的图表有表示分布特征的直方图、箱图,表示两个变量间关系的散点图,以及表示各变量相似性的雷达图等。

视频:任务 4.4 对汽车销量进行数值数据可视化分析

下面通过绘制雷达图分析"秦 PLUS""宋 PLUS"和"宋 PLUS 新能源"三个汽车品牌各月份销量的特点和相似性。

(1) 插入雷达图。在汇总结果表中,选择三个品牌汽车的销量数据(A4:M6)以及它们对应的标题行(A2:M2),插入雷达图,并设置相应格式,美化图表,如图 4-71 所示。

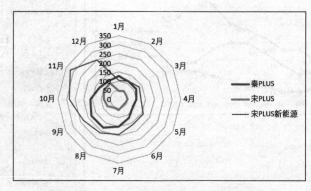

图 4-71  2023 年部分汽车销量雷达图

(2) 可视化分析。从该雷达图可以看出,三款汽车的销量都是下半年相对较大,其中"宋 PLUS 新能源"的销量明显优于其他两款车,它和"宋 PLUS"的图形较相似,分别在 11 月份和 12 月份达到销量顶峰,而秦 PLUS 的销量在 8、9 月份较高。

**步骤 4**  对汽车销量进行动态可视化分析

动态可视化分析可根据用户的数据选择,动态变化对应的图表,实现更全面的数据分析。动态数据分析可以在图表中使用数据筛选器或创建数据透视图实现。

(1) 使用"数据筛选器"实现各类汽车不同月份销量占比动态分析。

① 插入图表。在汇总结果表中,选择各汽车品牌数据区域(A2:M7)创建汽车销量饼图。

② 动态分析。在图表右侧的"图表筛选器"中选择需要显示的汽车品牌(例如宋 PLUS)及月份(例如 1—6 月),如图 4-72 所示。选中后,单击"应用"按钮,即可显示该汽车品牌对应月份的饼图,如图 4-73 所示。这个动态图显示的是"宋 PLUS"汽车上半年销量占比情况。可以看出该品牌汽车上半年的各月份销量占比相差不大,最大销量集中在 2 月份。用同样的方法,也可以查看分析其他汽车品牌销量的对应月份占比情况。

(2) 使用数据透视图实现各汽车品牌销量的动态图表显示。

① 插入图表。单击素材工作表数据清单任意单元格,在"插入"选项卡的"图表"工具组中选择"数据透视图",设置数据透视图的布局,行为"汽车品牌",列为"月份",值区域为"销量(台)"求和。套用数据透视图样式 6,效果如图 4-74 所示。

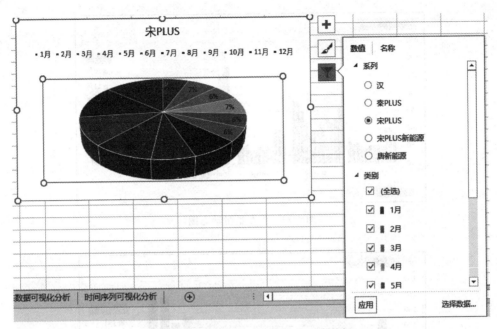

图 4-72　使用图表筛选器筛选图表数据

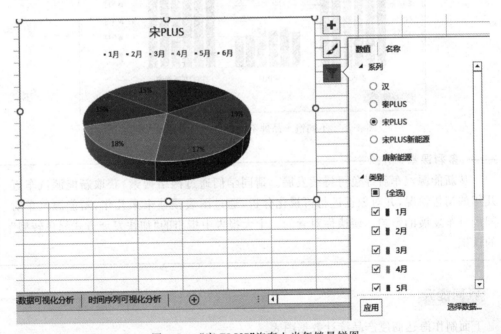

图 4-73　"宋 PLUS"汽车上半年销量饼图

② 动态分析。通过选择汽车品牌与月份,可以动态分析不同汽车品牌不同月份的销量情况,如图 4-75 所示。从图中可以对比三款汽车上半年的销量,其中"宋 PLU 新能源"汽车销量较好,且整体呈上升趋势;而"宋 PLUS"汽车则销量趋缓。

131

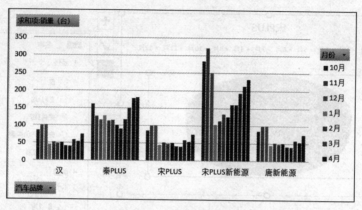

图 4-74　汽车销量动态图

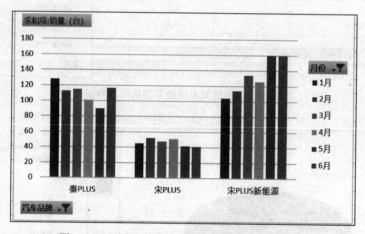

图 4-75　不同汽车品牌不同月份的动态销量情况

---**多彩课堂**---

从新能源汽车看绿色可持续发展。请同学们通过网络搜索，获取新能源汽车近几年的销售情况，并对数据进行可视化分析，通过图表预估未来几年，新能源汽车对国产汽车发展的影响。谈谈你对党的二十大报告中指出的"加快发展方式绿色转型"的认识。

### 巩固提升

下面制作海达商厦产品统计数据图表。

**1. 任务要求**

现有海达商厦上半年的各类产品的销售统计数据表，如图 4-76 所示。要求根据此表作出更加直观的柱形图、折线图等各类图表，以便进行数据分析和总结汇报。

项目4 电子表格制作

| 海达商厦2023年上半年产品销售汇总结果表 | | | | | | |
|---|---|---|---|---|---|---|
| 月份 | 服装类 | 电器类 | 洗化类 | 文具类 | 食品类 | 图书类 | 总计 |
| 1月 | 82500 | 151000 | 73500 | 72000 | 76500 | 81000 | 536500 |
| 2月 | 51750 | 118500 | 51750 | 21500 | 90000 | 91500 | 425000 |
| 3月 | 34500 | 101500 | 34500 | 77000 | 115500 | 100500 | 463500 |
| 4月 | 142500 | 135000 | 195000 | 22500 | 18000 | 15000 | 528000 |
| 5月 | 120000 | 133500 | 123000 | 30000 | 25500 | 30000 | 462000 |
| 6月 | 90000 | 100500 | 97500 | 154000 | 51000 | 52500 | 545500 |
| 合计 | 521250 | 740000 | 575250 | 377000 | 376500 | 370500 | 2960500 |

图 4-76 海达商厦销售统计表

**2. 任务实施**

(1) 创建各类商品上半年的销售三维簇状柱形图,并设置图表格式,使其美观大方。将其移动到柱形图工作表中,如图 4-77 所示。

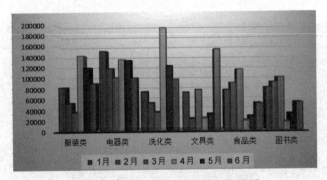

图 4-77 各类商品上半年销售柱形图

(2) 创建服装类、洗化类和文具类三类产品上半年销售折线图,并美化图表。再将其移动到折线图工作表中,如图 4-78 所示。

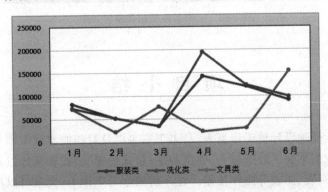

图 4-78 上半年部分商品销售折线图

(3) 创建1月、3月、5月各种商品的堆积条形图。美化图表,并将其移动到条形图工作表中,如图 4-79 所示。

(4) 创建上半年各类商品销售饼图。显示数据标签,并设置系列选项,图饼分离程度为6%。美化图表,并将其移动到饼图工作表中,如图 4-80 所示。

133

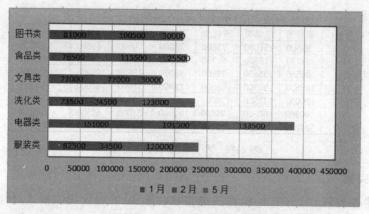

图 4-79 部分月份商品销售条形图

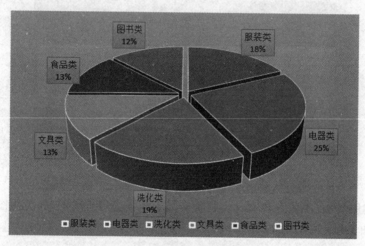

图 4-80 上半年各类商品销售饼图

# 项 目 小 结

  在本项目中,通过设计员工信息表、员工工资表以及对新能源汽车销量进行数据处理和可视化分析,我们掌握了数据输入、数据验证、格式设置、公式和函数以及排序、筛选、分类汇总和数据透视表、图表等操作技能。在今后的学习工作中,大家可以根据实际需要进一步探索 Excel 操作技巧,熟练、灵活地利用好这一工具软件。

  同时,本项目还加深了对国家人才发展战略、薪资分配制度以及税收制度等的了解。通过对新能源汽车销量的统计分析,认识到国产新能源汽车发展势头喜人,对民族工业发展以及节能降碳充满了信心。

# 学习成果达成与测评

| 项目名称 | 电子表格制作 | 学　时 | 18 | 学分 | 0.9 |
|---|---|---|---|---|---|
| 安全系数 | 1级 | 职业能力 | Excel软件基础操作、信息处理能力 | 框架等级 | 6级 |
| 序号 | 评价内容 | 评价标准 | | | 分数 |
| 1 | 工作簿基本操作 | 熟悉Excel操作界面，掌握工作簿的新建、打开和关闭 | | | |
| 2 | 工作表基本操作 | 能够进行工作表的新建、复制、移动、重命名，能够设置背景以及标签颜色 | | | |
| 3 | 保护工作簿工作表 | 能够设置工作簿密码，能够对工作簿工作表和单元格进行保护 | | | |
| 4 | 工作表格式化 | 能够进行行和列的插入、删除以及列宽和行高的设置 | | | |
| 5 | 输入数据 | 能够输入各种类型数据并能在单元格区域内快速录入相同数据 | | | |
| 6 | 单元格格式 | 能够设置单元格各种数据类型格式、通用数据格式、边框底纹等 | | | |
| 7 | 数据验证 | 能够设置数据序列、长度限制、数据范围等 | | | |
| 8 | 表格样式 | 能够应用表格样式 | | | |
| 9 | 条件格式 | 能够设置条件格式 | | | |
| 10 | 公式 | 能够进行单元格的引用以及公式运算 | | | |
| 11 | 函数 | 能够应用常用的函数 | | | |
| 12 | 页面设置 | 能够设置页面大小、页边距、纸张方向、打印标题和设置页眉/页脚 | | | |
| 13 | 打印工作表 | 能够打印预览和分页打印工作表 | | | |
| 14 | 排序 | 能够进行单个关键字和多个关键字排序 | | | |
| 15 | 筛选 | 能够进行自动筛选和高级筛选 | | | |
| 16 | 分类汇总 | 能够进行分类汇总 | | | |
| 17 | 图表设计 | 能够创建常用的图表类型，并设计其格式 | | | |
| 18 | 数据透视图表 | 能够创建数据透视表和数据透视图，并设计其格式 | | | |
| 19 | 导入数据 | 能够将Access数据导入到Excel文件中 | | | |
| 考核评价 | 项目整体分数(每项评价内容分值为1分) | | | | |
| | 指导教师评语： | | | | |
| 备注 | 奖励：<br>(1) 按照完成质量给予1～10分奖励，额外加分不超过5分。<br>(2) 每超额完成1个任务，额外加3分。<br>(3) 巩固提升任务完成优秀，额外加2分。<br>惩罚：<br>(1) 完成任务超过规定时间扣2分。<br>(2) 完成任务有缺项每项扣2分。<br>(3) 任务实施报告歪曲事实，个人杜撰或有抄袭内容不予评分。 | | | | |

# 项 目 自 测

## 一、知识自测

1. 在 Excel 中，每张工作表是一个（　　）。
   A. 一维表　　　　B. 二维表　　　　C. 三维表　　　　D. 树表

2. Excel 2021 工作簿文件的默认扩展名为（　　）。
   A. .docx　　　　B. .xlsx　　　　C. .pptx　　　　D. .xls

3. 用 Excel 创建一个学生成绩表，要按照班级统计出某门课程的平均分，需要使用的方式是（　　）。
   A. 分类汇总　　　B. 排序　　　　C. 合并计算　　　D. 数据筛选

4. 在 Excel 中，公式 SUM(A1:B4)等价于（　　）。
   A. SUM(A1:B2,A3:B4)　　　　　　B. SUM(B1+B4)
   C. SUM(B1+B2,B3+B4)　　　　　 D. SUM(B1,B4)

5. 在 Excel 中，表示逻辑值为真的标识符为（　　）。
   A. N　　　　　　B. Y　　　　　　C. FALSE　　　　D. TRUE

6. 若在 Excel 的一个工作表的 D3 和 E3 单元格中输入了 8 月和 9 月，则选择并向右拖曳填充柄经过 F3 和 G3 后松开，F3 和 G3 中显示的内容为（　　）。
   A. 10 月、10 月　B. 10 月、11 月　C. 8 月、9 月　　D. 9 月、9 月

7. 在 Excel 中，以下表示"数据表"上的 B2 到 G8 的整个单元格区域为（　　）。
   A. 数据表#B2:G8　　　　　　　　B. 数据表&B2:G8
   C. 数据表!B2:G8　　　　　　　　D. 数据表:B2:G8

8. 在 Excel 工作表中，假定 C3:C8 区域内的每个单元格中都保存着一个数值，则函数=COUNT(C3:C8)的值为（　　）。
   A. 4　　　　　　B. 5　　　　　　C. 6　　　　　　D. 8

9. 在 Excel 中，"设置单元格格式"对话框中，不存在的选项卡为（　　）。
   A. 数字　　　　　B. 对齐　　　　　C. 字体　　　　　D. 货币

10. 在 Excel 中，具有常规格式（也是默认格式）的单元格中输入数据（即数值型数据）后，其显示的方式是（　　）。
    A. 居中　　　　　B. 左对齐　　　　C. 右对齐　　　　D. 随机

11. 在 Excel 的高级筛选中，条件区域中写在同一行的条件是（　　）。
    A. 或关系　　　　B. 与关系　　　　C. 非关系　　　　D. 异或关系

12. 在 Excel 中，单元格的引用不包括（　　）。
    A. 相对引用　　　B. 绝对引用　　　C. 混合引用　　　D. 直接引用

13. （　　）表示 Excel 一个单元格的绝对地址。
    A. D4　　　　　　B. $D4　　　　　C. $D$4　　　　　D. @D@4

14. 在 Excel 中,计算工作表 B1 至 B6 数值的平均数,使用的函数是(　　)。
   A. SUM(B1:B6)　　B. MIN(B1:B6)　　C. AVG(B1:B6)　　D. COUNT(B1:B6)
15. 根据特定数据源生成的,可以动态改变其版面布局的交互式汇总表格是(　　)。
   A. 数据透视表　　　　　　　　　B. 数据的筛选
   C. 数据的排序　　　　　　　　　D. 数据的分类汇总

## 二、技能自测

**1. 任务要求**

销售部助理小王需要对 2023 年和 2022 年的公司产品销售情况进行统计分析,以便制订新的销售计划和工作任务。请根据提供的 Excel 素材,按照如下要求完成工作。

**2. 任务实施**

(1) 打开"Excel 练习素材.xlsx"文件,在"订单明细"工作表的"单价"列中,利用 VLOOKUP 函数查找对应图书的单价金额。图书名称与图书单价的对应关系可参考工作表"图书定价"。

(2) 如果每份订单的图书销量超过 40 本(含 40 本),则按照图书单价的 9.3 折进行销售;否则按照图书单价的原价进行销售。按照此规则,计算并填写"订单明细"工作表中每笔订单的"销售额小计",保留 2 位小数。

(3) 根据"订单明细"工作表的"发货地址"列信息,并参考"城市对照"工作表中省市与销售区域的对应关系,计算并填写"订单明细"工作表中每笔订单的"所属区域"。

(4) 根据"订单明细"工作表中的销售记录,分别创建名为"北区""南区""西区"和"东区"的工作表,这 4 个工作表中分别统计本销售区域各类图书的累计销售金额,统计格式请参考"统计样例"工作表。将这 4 个工作表中的金额设置为带千分位的、保留两位小数的数值格式。

(5) 在"统计报告"工作表中,分别根据"统计项目"列的描述,计算并填写所对应的"统计数据"单元格中的信息。

(6) 给"订单明细"工作表套用表格样式,并设置打印效果。

# 学习成果实施报告

| 题 目 | | | | | |
|---|---|---|---|---|---|
| 班 级 | | 姓 名 | | 学 号 | |
| 任务实施报告 ||||||

(1) 请对本项目的实施过程进行总结,反思经验与不足。
(2) 请记述学习过程中遇到的重难点以及解决过程。
(3) 请介绍本项目学习过程中探索出来新的电子表格操作技巧。
(4) 请介绍利用电子表格知识参与的社会实践活动,以及解决的实际问题等。
(5) 请对本项目的任务设计提出意见以及改进建议。
报告字数要求为 800 字左右。

| 考核评价(按 10 分制) ||
|---|---|
| 教师评语: | 态度分数 |
| | 工作量分数 |
| 考评规则 ||

工作量考核标准:
(1) 任务完成及时,准时提交各项作业。
(2) 勇于开展探究性学习,创新解决问题的方法。
(3) 实施报告内容真实,条理清晰,逻辑严谨,表述精准。
(4) 软件操作规范,注意机器保护以及实训室干净整洁。
(5) 积极参与相关的社会实践活动。
奖励:
  本课程特设突出奖励学分:包括课程思政和创新应用突出奖励两部分。每次课程拓展活动记 1 分,计入课程思政突出奖励;每次计算机科技文化节、信息安全科普宣传等科教融汇活动记 1 分,计入创新应用突出奖励。

# 自主创新项目

Excel 是现在最流行的数据处理软件之一,它应用在社会各行各业,功能丰富强大,本项目中所涉及的内容仅仅只是其冰山一角,它还有很多深入复杂的功能,比如:丰富的函数、强大的数据分析管理能力和醒目实用的图表制作等,都等待着我们去学习使用。

请结合学校、专业实际情况和个人兴趣爱好,开展研究型学习,自主开发设计一个项目,并将该项目的具体内容,包括项目目标、项目分析、知识点与技能点总结,任务实施方法和评估标准等记录在下表中。

研讨内容可以围绕以下几点。

(1) 制作财务报销单据。
(2) 制作进销存管理分析表。
(3) 制作万年历。
(4) 制作抵押贷款分析表。
(5) 制作生产销售统计图表。
(6) 分析 Excel 与其他 Office 组件之间的协同作业。

| 项目名称 | | | 学时 | |
|---|---|---|---|---|
| 开发人员 | | | | |
| 项目目标 | 知识目标: | | | |
| | 能力目标: | | | |
| | 素质目标: | | | |
| 项目分析 | | | | |
| 知识图谱 | | | | |
| 关键技能训练点 | | | | |
| 任务实施 | | | | | 
| | | | | |
| 考核评价 | | | | |
| | | | | |

# 项目 5　演示文稿设计

**项目导读**

　　PowerPoint 是 Microsoft 公司开发的 Office 办公组件之一,是学术交流、产品展示、工作汇报、宣传推广等不可或缺的重要工具。它以幻灯片的格式输入和编辑文本、表格、图片、艺术字及图表等对象。为加强演示的绚丽动态效果,还可以在幻灯片中设置动画、音频或视频等多媒体元素。演示文稿既能在计算机上演示,通过投影仪在大屏幕上放映,还可以打印出来,制作成胶片,应用于更广泛的领域。

**职业技能目标**

- 熟练掌握演示文稿母版的使用方法。
- 熟练掌握演示文稿中各种对象的编辑方法。
- 熟练掌握演示文稿动画设计的方法。
- 能够进行演示文稿的编辑和美化。
- 掌握演示文稿交互设计的方法。
- 具有一定的文学素养和写作能力,能够用简洁清晰的语言描述任务实施过程。

**素养目标**

- 培养学生的社会责任感和职业道德。
- 提升学生的审美意识和创新能力。
- 培养学生精益求精的工匠精神。
- 培养学生忧国忧民、热爱祖国、积极创新、探索科学的爱国主义精神。

**项目实施**

　　青年者,国家之魂。青年兴则国家兴,青年强则国家强。恰逢五四青年节,为了弘扬爱国精神、激励青年学生爱国热情,引导当代大学生树立正确的人生观、价值观,学院要求每个班级组织一场以"纪念五四运动、弘扬五四精神"为主题的班会。团支书为了召开此次班会,要制作一个主题班会的汇报文稿。

　　本项目通过制作一个纪念五四运动,弘扬五四精神的主题班会 PPT,系统介绍了演示文稿的制作流程以及母版设计、演示文稿美化、动画设计等关键操作要领。学生能够快速制作出图文并茂、富有感染力的演示文稿,并且可通过图片、视频和动画等多媒体形式展现复杂内容,从而使表达的内容更容易理解。

## 任务 5.1　设计主题班会 PPT 母版

**学习目标**

知识目标：掌握幻灯片母版设置，熟悉幻灯片版式的呈现样式。

能力目标：掌握演示文稿制作的方法和技巧，理解母版和模板的不同。培养学生认真严谨的学习态度和逻辑分析能力。

素养目标：培养青年大学生的五四精神和爱国情怀，帮助当代大学生树立正确的人生观、价值观。

视频：任务 5.1 任务导入

**建议学时**

2 学时

**任务要求**

开始演示文稿制作前，首先收集与主题相关的资料，确定演示文稿风格，然后进行母版设计。页面色调干净，文字清晰，背景图符合主题需要。

**任务分析**

好的演示文稿，不仅内容要充实，外表和整体效果也很重要，舒适的背景图片、风格恰当的主题，都会让 PPT 更加赏心悦目。我们既可以使用 PowerPoint 2021 自带的主题样式，也可以利用母版自己设计 PPT 的样式风格。PPT 母版是指包含演示文稿中所有幻灯片共同属性和格式的模板。它定义了演示文稿的整体设计风格，包括字体、颜色、背景、版式等。

---
**知识点拨**

母版与主题不同。母版中包含出现在每张幻灯片上的显示元素，如文本占位符、图片、动作按钮等，使用母版可以方便地统一幻灯片风格。而主题是为设置好的幻灯片更换颜色、背景等统一的内容，用来快速设计美观的演示文稿，适应幻灯片内容。

---

利用母版的整体样式设计，可以实现专业一致的外观，快速创建简单的框架，简化幻灯片的制作过程，尤其是一些重复的操作，我们进行一次设置就可以应用到多个幻灯片。本任务要制作纪念五四运动班会的 PPT，主题鲜明，比较适合外观统一的背景效果，所以使用幻灯片母版能节约时间，统一演示文稿风格。

**电子活页目录**

演示文稿基本操作相关知识电子活页目录如下：
（1）演示文稿基本名词
（2）PowerPoint 2021 的操作界面
（3）PowerPoint 2021 的视图

电子活页：演示文稿基本操作相关知识

(4) 创建演示文稿

(5) 编辑演示文稿

(6) 编辑幻灯片母版

**任务实施**

**步骤 1** 新建演示文稿，编辑幻灯片母版

(1) 启动 PowerPoint 2021 软件，新建一个空白演示文稿，并保存，命名为"纪念五四运动主题班会.pptx"。

视频：任务 5.1 新建演示文稿，编辑幻灯片母版

(2) 单击"视图"选项卡，找到母版视图，选择幻灯片母版，单击即可进入幻灯片母版编辑界面，如图 5-1 所示。

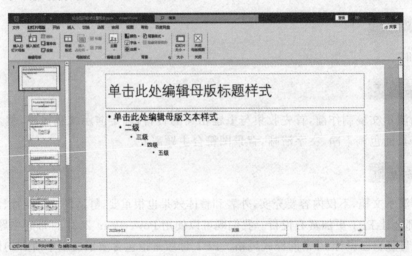

图 5-1 幻灯片母版编辑界面

**步骤 2** 设置幻灯片母版的背景

(1) 单击左侧 Office 主题幻灯片母版，在"背景"选项卡中单击"背景样式"，在背景样式下拉列表中选择设置背景样式。

(2) 选择右边设置背景格式面板下的"图片或纹理填充"，单击"插入"→"插入图片"→"来自文件"按钮，选择素材 bg.png，设置透明度为80%，效果如图 5-2 所示。

视频：任务 5.1 设置母版背景、插入图片

(3) 插入学院 Logo 图：单击"插入"选项卡→"图片"按钮，选择素材图片 sdwm.png，调整图片到合适的位置，如图 5-3 所示。

---
**知识点拨**

PowerPoint 中几乎每页都有的元素，就可以放置到总母版中。如果有个别页面（如封面封底、转场页）不想出现这些元素，勾选"隐藏背景图形"选项即可。

在特定版式中需要重复出现且无须改变的内容，可以直接放置在对应的版式页。需要重复，但是具体内容却不同，可以使用"插入占位符"功能插入对应类别的占位符。

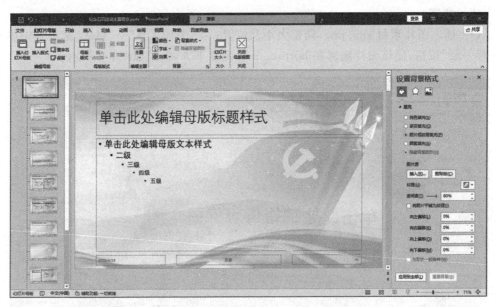

图 5-2 幻灯片母版背景格式设置界面

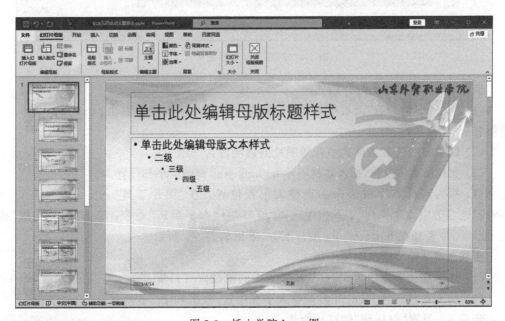

图 5-3 插入学院 Logo 图

**步骤 3** 设置标题幻灯片版式

（1）单击左侧标题幻灯片版式，调整该版式背景样式中背景图片的透明度为 70%。

（2）插入图片素材 flag.png，调整大小及位置至文档左上角；单击"校正"选项卡，选择亮度为 +20%，对比度为 +40%。

（3）插入图片素材 bottom.png，移动图片到文档底部，调整其宽度

视频：任务 5.1
设置标题幻灯片版式

与文档一样宽。

（4）插入图片素材 zhu.png，调整大小及位置；在"图片工具"→"格式"选项卡中单击"下移一层"按钮，使该图片底部在 bottom.png 图片下方，效果如图 5-4 所示。

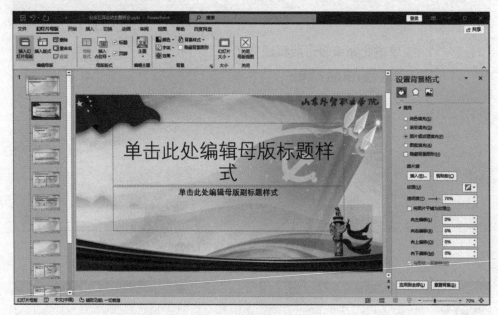

图 5-4　幻灯片母版标题版式

**步骤 4**　设置目录幻灯片版式

（1）单击"编辑母版"面板中的"插入版式"按钮，在新版式上右击，重命名版式为目录幻灯片。

（2）调整该版式背景样式中背景图片的透明度为 70%。

（3）删掉所有占位符，插入素材图片 bottom.png，调整大小和位置。

（4）插入素材图片 zhu.png，调整大小及位置。在"图片工具"→"格式"选项卡中，在"排列"工具组中选择"旋转"→"水平翻转"命令；单击"下移一层"按钮，使该图片底部在 bottom.png 图片下方，效果如图 5-5 所示。

视频：任务 5.1 设置目录幻灯片版式

**步骤 5**　设置节标题幻灯片版式

（1）选中左侧节标题版式，重复步骤 4 中的第（2）～（4）步。

（2）插入素材图片 logo.png，调整大小和位置，效果如图 5-6 所示。

**步骤 6**　设置"仅标题"幻灯片版式

（1）在底部插入素材图片 bottom2.jpg，调整图片的大小和位置。

（2）在幻灯片上方插入矩形，设置矩形高度为 0.25 厘米，宽度和幻灯片一样宽，颜色为深红色，再移动到合适的位置。

视频：任务 5.1 设置节标题、仅标题幻灯片版式

（3）插入素材图片 logo.png，调整大小及位置。

（4）调整该文档标题占位符的大小，设置标题字体为微软雅黑、40 磅、加粗、深红色、效果如图 5-7 所示。

图 5-5　幻灯片母版目录版式

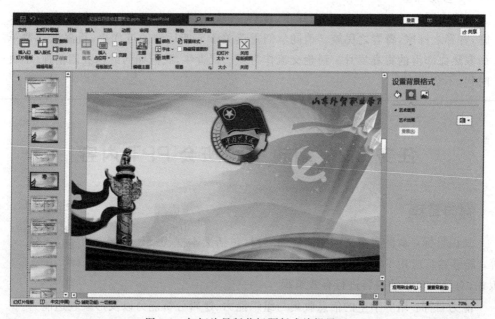

图 5-6　幻灯片母版节标题版式编辑界面

图 5-7 幻灯片母版"仅标题"版式编辑界面

**步骤 7** 保存文件

在"幻灯片母版"选项卡中单击"关闭母版视图"按钮,退出母版编辑。

> **多彩课堂**
>
> 　　读史明智,不负青春。李大钊在《青春》一文中说:"以青春之我,创建青春之家庭,青春之国家,青春之民族。"请同学们重读关于五四运动的近代史,重温老一辈革命家热血澎湃的青春岁月。讨论交流作为新一代青年,我们如何继承五四精神,不负时代,不负青春。

## 任务 5.2　编辑主题班会 PPT 内容

**学习目标**

视频:任务 5.2 任务导入

知识目标:掌握演示文稿中内容的编辑,包括文本框、图形、视频等;能够熟练应用 SmartArt 的各种功能;能够熟练应用 PPT 中的版式,对演示文稿的内容进行有效组织。

能力目标:培养学生的信息收集与组织能力、逻辑分析能力以及形象表达能力。

素养目标:培养大学生的五四精神和爱国情怀,培养大学生的使命感。

**建议学时**

4 学时

### 任务要求

PPT的魅力在于能够以简明的方式传达观点,并且能够支持用户演讲,所以PPT内容不要过于复杂,只需要和演讲内容密切相关的图像、图表和文字等信息,动画效果适宜即可。

### 任务分析

制作演示文稿首先要确定主要内容,准备幻灯片所需要的文字、图片以及视频、音频材料,构思演示文稿的基本框架,然后将文本、图片、视频等对象插入到相应的幻灯片中,最后还要对内容进行修饰与美化。

### 电子活页目录

演示文稿插入元素相关知识电子活页目录如下:
(1) 编辑文本
(2) 插入表格
(3) 插入图表
(4) 插入SmartArt图形
(5) 插入图片
(6) 插入联机图片
(7) 插入多媒体信息
(8) 插入页眉和页脚

电子活页:演示文稿
插入元素相关知识

### 任务实施

**步骤1** 设计标题幻灯片

(1) 在"开始"选项卡中单击"新建幻灯片"的下拉三角按钮,选择"标题幻灯片"。

(2) 编辑标题文字"以青春之我 创青春中国",设置标题字体为微软雅黑、66号、深红色、加粗;在"绘图工具"→"格式"→"艺术字样式"选项卡中,文本轮廓选择白色,文本效果为发光,颜色为白色,大小为8磅,透明度为0。

(3) 添加副标题"纪念五四运动 弘扬五四精神主题班会",设置字体为华文楷体、28号、深红色、加粗。

(4) 绘制一个圆角矩形,填充深红色,无形状轮廓,编辑文字"汇报人:×××",设置字体为微软雅黑、20号、白色、加粗。

(5) 插入素材图片logo.png,适当调整图片的大小和位置,效果如图5-8所示。

**步骤2** 设计目录幻灯片

(1) 在"开始"选项卡下单击"新建幻灯片"的下拉三角按钮,选择"目录幻灯片"。

(2) 插入文本框,输入文字"目录",使用格式刷工具复制标题幻灯片中的标题文字,设置"目录"的字体与标题字体一致。

视频:任务5.2
设计标题幻灯片

视频:任务5.2
设计目录幻灯片

图 5-8　标题幻灯片

(3) 绘制一个边长为 2 厘米的正方形,形状填充与轮廓皆为深红色,编辑形状上的文字为 1。绘制一个高 2 厘米、宽 12 厘米的矩形,形状无填充,轮廓为深红色,编辑形状上的文字为"五四运动 & 五四精神"。选中这两个形状,在绘图工具的"格式"→"排列"选项卡下单击"组合"按钮,将图形进行组合。

(4) 选中该组合图形,复制并粘贴出 3 个一样的图形,调整到合适的位置,参考效果图 5-9 设置图形中的文字。

图 5-9　目录幻灯片

**步骤 3**　设计节标题幻灯片

(1) 在"开始"选项卡下,单击"新建幻灯片"的下拉三角按钮,选择"节标题幻灯片"。

(2) 插入节标题文字"五四运动 & 五四精神",设置为微软雅黑、44 号、深红色,加粗,文本效果为"阴影"→"外部"→"偏移右下"。

视频:任务 5.2 设计节标题幻灯片

（3）插入文字"第一部分"，设置为黑体、32号、加粗、阴影，如图5-10所示。

图5-10 节标题幻灯片

（4）复制并粘贴出3个同样的节标题幻灯片，修改文字分别与4个目录对应。

**步骤4** 编辑第4张幻灯片

（1）在节标题为第一部分的幻灯片下，新建一张版式为"仅标题"的幻灯片。

（2）编辑标题文字为"五四运动&五四精神"。

（3）插入如图5-11所示的形状，形状填充为红色到深红色的渐变填充；编辑文字为"五四运动是哪一年爆发的？"且字体为微软雅黑、24号、白色、加粗。

（4）插入两条直线和三个星形，调整大小和位置，如图5-11所示。

视频：任务5.2 编辑第4张幻灯片

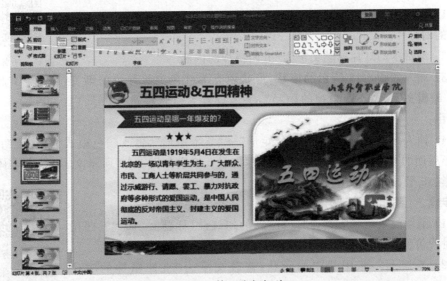

图5-11 第4张幻灯片

(5) 插入文本框,编辑如图 5-12 所示的文字,设置为黑色、微软雅黑、22 号,文本框的边框为深红色。

图 5-12　第 5 张幻灯片

(6) 在文档右侧插入图片素材 wusi.jpg,设置图片样式为"圆形对角、白色",效果如图 5-11 所示。

**步骤 5**　编辑第 5 张幻灯片

(1) 继续插入一张版式为"仅标题"的幻灯片,标题文字依然为"五四运动 & 五四精神"。

(2) 复制上一张图片中的形状,修改文字为"什么是五四精神"。

(3) 插入视频素材五四运动.mp4,调整视频的大小和位置。在"视频工具"→"播放"→"视频"选项卡下设置视频开始播放为"单击时",选择"全屏播放"选项。

视频:任务 5.2 编辑第 5 张幻灯片

**步骤 6**　编辑第 7 张幻灯片

(1) 在节标题为第二部分的第 6 张幻灯片后面新建一张版式为"仅标题"的幻灯片。

(2) 编辑本幻灯片标题文字为"五四精神的内涵"。

(3) 插入如图 5-13 所示的形状,形状填充为红色到深红色的渐变填充;编辑文字为"五四精神的内涵",字体设置为微软雅黑、24 号、白色、加粗。

(4) 插入 SmartArt 图形,选择"矩形"→"基本矩形",更改颜色模式为"优雅";选中该图形后面的菱形,设置其填充颜色为深红色;编辑如图 5-13 所示文本,设置字体为微软雅黑、36 号、加粗、白色。

视频:任务 5.2 编辑第 7 张幻灯片

**步骤 7**　编辑第 8 张幻灯片

(1) 继续插入一张版式为"仅标题"的幻灯片,标题文字为"五四精神的时代价值",如图 5-14 所示。

(2) 复制上一张图片中的形状,修改文字为"五四精神的时代价值"。

视频:任务 5.2 编辑第 8 张幻灯片

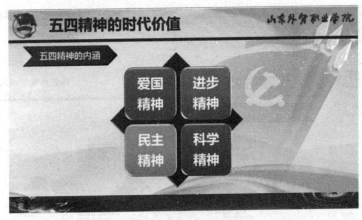

图 5-13　第 6 张幻灯片

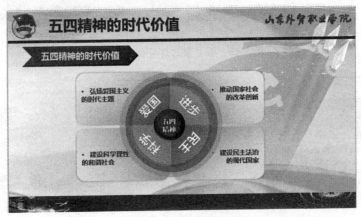

图 5-14　第 8 张幻灯片

（3）绘制一个高 5 厘米、宽 9 厘米的圆角矩形，设置形状为无轮廓。打开"设置形状格式"面板，设置填充为"渐变填充"：类型为"线性"，方向为"线性对角左上右下"，角度为 45 度，渐变光圈设置白色到粉红色渐变；设置阴影：粉红色，透明度为 60%，大小为 100%，模糊为 4 磅，角度为 225，距离为 3 磅。将该矩形复制出一个，设置渐变填充方向为"线性对角右上到左下"，阴影角度为 315 度；再复制出一个设置渐变填充方向为"线性对角右下到左上"，阴影角度为 45 度；继续复制一个设置渐变填充方向为"线性对角左下到右上"，阴影角度为 135 度。调整 4 个图形的位置并编辑形状上的文字，如图 5-15 所示。

（4）在中间绘制一个直径为 10 厘米的圆形，填充粉红色，透明度为 40%；继续绘制一个直径为 9 厘米的圆形，填充深红色，透明度为 76%。

（5）绘制一个宽 8 厘米、高 4 厘米的矩形，再绘制一个直径为 8 厘米的圆形，调整两个形状的位置如图 5-16 所示。按住 Ctrl 键，同时选中两个图形，在"绘图工具"→"格式"面板→"插入形状"选项卡中单击"合并形状"下拉小三角按钮并选择"相交"命令，构成一个扇形，效果如图 5-16 所示。参考第（3）步中的填充效果，为扇形填充渐变色，并复制出三个，分别修改颜色，最终效果如图 5-17 所示。

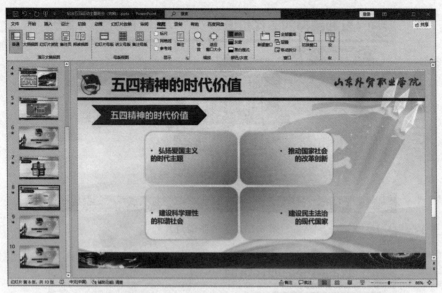

图 5-15　第 8 张幻灯片部分内容

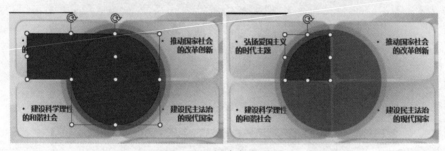

图 5-16　创建扇形图形

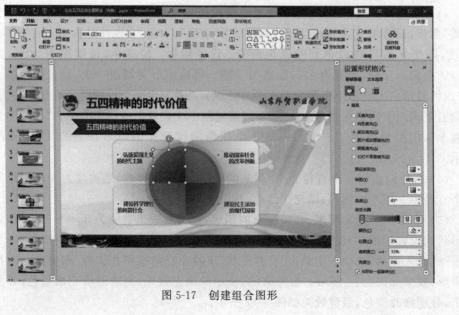

图 5-17　创建组合图形

(6) 绘制一个直径为7.5厘米的圆形,填充白色,透明度为66%,并移动到中间。继续绘制一个直径为3厘米的圆形,填充深红色,选择渐变填充,并选择"三维格式"→"顶部棱台"→"圆形",宽度和高度都设置为30磅。在该圆形上编辑文字"五四精神",设置字体为微软雅黑、18号、白色、加粗。将第(4)步到第(6)步绘制的图形全部选中并组合成一个图形。

(7) 分别插入4组文本框,编辑文本"爱国""进步""民主""科学",设置为微软雅黑、32号、白色、加粗,并分别调整到合适位置。

**步骤8** 编辑第10张幻灯片

(1) 在节标题为第三部分的幻灯片(第9张幻灯片)后面,插入一张版式为"仅标题"的幻灯片,标题文字为"新时代青年的历史使命"。

(2) 插入图片素材people.jpg,设置图片样式为映像棱台、白色。

(3) 插SmartArt图形。选择垂直项目符号列表,编辑如图5-18所示文字;SmartArt样式选择"强烈效果"。选择每一个图形,设置形状填充为深红色,效果如图5-18所示。

视频:任务5.2 编辑第10张幻灯片

图5-18 第10张幻灯片

**步骤9** 编辑第12张幻灯片

(1) 在节标题为第四部分的幻灯片(第11张幻灯片)后面,插入一张版式为"仅标题"的幻灯片,标题文字为"做新时代的有为青年"。

(2) 插入如图5-19所示的3段艺术字,字体为微软雅黑、24号、深红色。

(3) 继续插入3张素材图片,并根据自己的喜好调整图片样式,适当旋转图片角度,如图5-20所示。

视频:任务5.2 编辑第12张幻灯片

**步骤10** 编辑最后一张幻灯片

(1) 新建版式为节标题的幻灯片。

(2) 插入如图5-21所示的艺术字,字体为微软雅黑、80号、深红色、加粗,设置艺术字的文本效果为"映像"→"半映像:接触"。

视频:任务5.2 编辑最后一张幻灯片

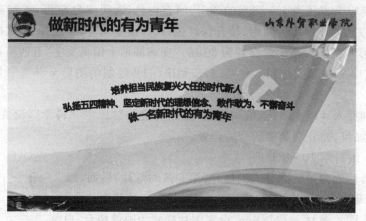

图 5-19　第 12 张幻灯片的文字部分

图 5-20　第 12 张幻灯片的图片部分

图 5-21　第 13 张幻灯片

> **知识点拨**
>
> 美化 PPT 的五项原则如下。
>
> （1）对齐原则：页面内除了文字对齐外，所有能对齐的要素都要对齐；相同格式的几页 PPT 也要做到页面与页面之间的信息对齐；画面切换时，相同元素不跳动。
>
> （2）留白原则：内容能提炼就提炼，能浓缩就浓缩，多些留白，让眼睛去休息，让大脑去思考。
>
> （3）调色原则：颜色过多容易"辣"眼睛，观众的精力也很难集中。一页 PPT 的颜色最好不要超过 3 种，颜色搭配要柔和，统一色调会给人一种秩序美。
>
> （4）字体原则：能够被视觉化的不仅仅是配图，还包括字体。字体体现了 PPT 的文化属性，不同字体表达的情绪也有差异。如：儿童类就选择笔画圆润的字体，表达文化内涵就用手写字体，一般场合就用微软雅黑。
>
> （5）分离原则：无关内容拉大距离，相关内容注意靠拢。段落与段落之间的距离要大于段落内的行距，二级内容和一级内容排版注意留有大小或位置的差异。

## 任务 5.3　设计主题班会 PPT 动画和交互

**学习目标**

知识目标：掌握文本、图片、视频等元素的动画设置；熟练进行幻灯片切换效果与交互功能设置。

能力目标：能够熟练制作动画，掌握 PowerPoint 良好的操作性，使学生能够应用 PowerPoint 强大的动画展示功能。

素养目标：培养学生的信息组织与处理能力、审美能力、合作与表达能力。培养大学生的五四精神和爱国情怀，帮助大学生树立正确的人生观、价值观。

视频：任务 5.3
任务导入

**建议学时**

2 学时

**任务要求**

幻灯片的动画包括内容进入、强调和退出效果。动画设计要和谐自然，数量适当，结合幻灯片传达的意思合理使用动画。所有幻灯片的切换效果可以一致，也可以选择不同的切换方式。交互功能也是必不可少的，可以增加幻灯片的互动性和吸引力，使演示更加生动有趣。

> **任务分析**

> **知识点拨**
>
> 动画和切换效果能够使演示内容更加明确，集中听众的注意力。可以对每张幻灯片或者其中的某些元素应用多样的动效。演示文稿的动画效果一般分为四类：进入、强调、退出和动作路径。进入是为要显示的内容设置动画，使用最广泛；强调是为了强调某个重点为元素设置的效果；退出是将某个元素以什么样的动画效果消失；动作路径是自己设置动画轨迹，尽量避免设置太复杂的路线，保证突出主题，提升视觉效果。

通过前两个任务我们制作的演示文稿是静态的，还不够生动丰富。为了让幻灯片播放起来更生动形象，可以使用 PowerPoint 的自定义动画以及幻灯片切换功能设置播放效果。

幻灯片不仅能自动播放，很多情况下是作为演讲者的辅助工具，演讲者可能需要随时调整播放顺序，也有可能引用别的素材，这就要用超链接增强幻灯片的交互功能。我们可以给演示文稿添加一个目录页，为目录页面设置超链接，方便演示文稿播放时调整顺序；也可以在内容页面添加图片、动作等，设置页面跳转，方便演讲者控制。

> **电子活页目录**

演示文稿动画、切换和交互相关知识电子活页目录如下：
（1）设置对象的动画效果
（2）设置幻灯片的切换效果
（3）设置超链接
（4）演示文稿的放映控制
（5）演示文稿的打包与输出
（6）插入联机图片
（7）插入多媒体信息
（8）插入页眉和页脚

电子活页：演示文稿动画、切换和交互相关知识

> **任务实施**

**步骤 1** 为标题幻灯片设置动画

（1）打开"动画"菜单，在"高级动画"选项卡中单击"动画窗格"按钮，打开动画设置窗格。

（2）为 Logo 图片添加形状动画，开始时间为上一动画之后，持续时间为 2 秒，延迟时间为 0.5 秒。

（3）为总标题添加轮子动画，开始时间为上一动画之后，持续时间为 2 秒，延迟时间为 1 秒。

（4）为副标题添加淡化动画，开始时间为上一动画之后，持续时间为 1 秒，延迟时间为 2 秒。

视频：任务 5.3 为标题幻灯片设置动画

(5)为汇报人添加浮入动画,开始时间为上一动画之后,持续时间为1秒,延迟时间为2秒。

**步骤2** 为目录幻灯片设置动画

(1)为"目录"添加淡化动画,开始时间为上一动画之后,持续时间为1秒,延迟时间为1秒。

(2)为四个目录添加浮入动画,开始时间为上一动画之后,持续时间为1秒,延迟时间为1秒。

**步骤3** 为第3、6、9、11四张子标题幻灯片设置动画

(1)为子标题添加轮子动画,开始时间为上一动画之后,持续时间为2秒,延迟时间为1秒。

(2)为黑色文字添加出现动画,开始时间为上一动画之后,持续时间为1秒,延迟时间为1秒。

(3)可以使用"动画"→"高级动画"面板下的动画刷工具为第6、9、11张幻灯片设置同样的动画。

**步骤4** 为第4张幻灯片设置动画

(1)为绘制的形状添加淡化动画,开始时间为上一动画之后,持续时间为1秒,延迟时间为0.5秒。为三个星形组合形状添加出现动画,开始时间与上一动画一样,持续时间为1秒,延迟时间为0.5秒。

(2)为文本内容添加形状动画,"效果"选项为"缩小",开始时间为上一动画之后,持续时间为2秒,延迟时间为1秒。

(3)为五四运动图片添加形状动画,"效果"选项为"放大",开始时间为上一动画之后,持续时间为2秒,延迟时间为1秒。

**步骤5** 为第5张幻灯片设置动画

(1)为绘制的形状添加淡化动画,开始时间为上一动画之后,持续时间为1秒,延迟时间为0.5秒。

(2)为视频添加飞入动画,开始时间为上一动画之后,持续时间为1秒,延迟时间为1秒。设置播放为"单击时全屏播放"。

**步骤6** 为第7张幻灯片设置动画

(1)为绘制的形状添加淡化动画,开始时间为上一动画之后,持续时间为1秒,延迟时间为0.5秒。

(2)为SmartArt图形添加形状动画,效果选项选择放大、圆形、逐个,开始时间为上一动画之后,持续时间为1秒,延迟时间为0.75秒。

**步骤7** 为第8张幻灯片设置动画

(1)为绘制的形状添加淡化动画,开始时间为上一动画之后,持续时间为1秒,延迟时间为0.5秒。

(2)为组合图形添加轮子动画,开始时间为上一动画之后,持续时间为1秒,延迟时间为0.75秒。

(3)分别为四个圆角矩形添加形状动画,持续时间为1秒,延迟时间为1秒。

**步骤 8** 为第 10 张幻灯片设置动画

(1) 为图片添加随机线条动画,开始时间为上一动画之后,持续时间为 1 秒,延迟时间为 1 秒。

(2) 为 SmartArt 图形添加浮入动画,开始时间为上一动画之后,持续时间为 1 秒,延迟时间为 1 秒。

**步骤 9** 为第 12 张幻灯片设置动画

(1) 选中该幻灯片中的艺术字:"培养担当民族复兴大任的时代新人",为其添加翻转式由远及近动画,开始时间为上一动画之后,持续时间为 2 秒,延迟时间为 1 秒;继续单击"动画"→"高级动画"面板中的"添加动画"按钮,选择"强调"中的"放大/缩小"选项,开始时间为上一动画之后,持续时间为 2 秒,延迟时间为 1 秒;继续单击"高级动画"面板中的"添加动画"按钮,选择"退出"→"收缩并旋转"命令,开始时间为上一动画之后,持续时间为 1.5 秒,延迟时间为 1 秒。

视频:任务 5.3 为第 12 张幻灯片设置动画

(2) 分别为其他两个艺术字设置进入、强调和退出动画。

(3) 为最底下的图片添加翻转式由远及近动画,开始时间为上一动画之后,持续时间为 2 秒,延迟时间为 0.5 秒;继续单击"高级动画"面板中的添加动画,选择"退出"→"随机线条"命令,开始时间为上一动画之后,持续时间为 1 秒,延迟时间为 1 秒。

(4) 为第二张图片添加旋转动画,开始时间为上一动画之后,持续时间为 2 秒,延迟时间为 0.5 秒;继续在"高级动画"面板中添加动画,选择"退出"中的"随机线条",开始时间为上一动画之后,持续时间为 1 秒,延迟时间为 1 秒。

(5) 为最后一张图片添加翻转式由远及近动画,开始时间为上一动画之后,持续时间为 2 秒,延迟时间为 0.5 秒。

**步骤 10** 为第 13 张幻灯片设置动画

为艺术字添加旋转动画,开始时间为上一动画之后,持续时间为 2 秒,延迟时间为 0.5 秒;继续在"高级动画"面板中添加动画,选择"强调"→"变淡"命令,开始时间为上一动画之后,持续时间为 2 秒,延迟时间为 1 秒。

视频:任务 5.3 幻灯片的切换及交互功能

**步骤 11** 设置幻灯片切换效果

设置幻灯片切换效果为帘式,持续时间为 2 秒,换片方式为单击时,应用于全部幻灯片。

---
**知识点拨**

PPT 中能利用平滑切换效果带来专业和优雅感觉的转场,呈现出更加自然流畅的动画效果,以增强幻灯片的流畅性和视觉体验。

平滑切换是用于展现从上一页到下一页同一个元素(即图形、图片和文本)的变化过程。切换效果有对象、文字和字符三种。对象是以整个元素为单位变化,文字是以一个单词为单位变化,字符是以一个字母为单位变化。制作平滑动画的关键在于在连续的两个 PPT 页面之间编辑同一元素的初始状态和最终状态,然后通过平滑切换来自动呈现中间的过渡过程。此外,平滑切换还可以用于展示页面中任何元素的连续变化,如文本、形状、图像和图表的渐进或连续进出画面。

**步骤 12** 设置超链接

为目录幻灯片中的内容添加超链接,链接到相应的子标题页面;同时在每一部分结束的页面添加一个返回的形状,设置该形状的超链接返回到目录页。

视频:任务 5.3 排练幻灯片的放映时间及打包文件

**步骤 13** 排练幻灯片放映时间

设置幻灯片放映方式为循环放映,按 Esc 键终止。

**步骤 14** 输出文件

将文件保存为"五四精神主题班会.pptx"。

为了让 PPT 在不同的计算机环境下都能正常放映,我们选择导出按钮,将制作好的 PPT 输出为不同的格式,如视频、打包成 CD 等形式,以便播放。

---
**多彩课堂**

PPT 是为了让听众更直观、明确地了解演讲者所要讲述的内容,而演讲则是将 PPT 的内容进行融合、贯通,并得到升华。请选择中国近代史中的某一典型历史事件,制作相关 PPT,并在班级中开展演讲比赛,大方得体地展现自我风采。

---

## 巩固提升

下面制作汽车展销活动演示文稿。

### 1. 任务要求

某汽车公司策划新款朗逸产品的展销活动,需要设计展销会 PPT。要求大方、典雅,具备流畅的动画效果,既能手动演示,又能够在展厅自动循环播放。

首先根据需求设计合适的页面内容,并对内容进行美化,动画设置和交互功能设计。新款朗逸汽车展销会 PPT 效果如图 5-22 所示。

(a)

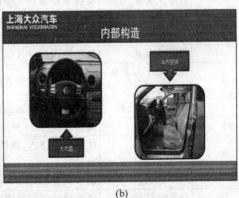
(b)

图 5-22 新款朗逸汽车展销会 PPT

### 2. 任务实施

结合项目素材和效果图,按以下步骤实施。

(1)新建演示文稿,编辑内容。设计 10 张以上幻灯片,选择合适的版式,添加幻灯片内容。

（2）美化演示文稿。设计演示文稿母版，统一幻灯片效果。

（3）给演示文稿添加动画。为幻灯片上的内容设计动画，其他页面的动画以及页面之间的切换效果可以结合演示文稿的内容和主题自行添加。

视频：巩固提升
项目5操作演示

（4）设计交互功能。为幻灯片中的内容添加超链接，设置超链接到主要内容幻灯片，排练幻灯片放映时间，最后将演示文稿打包。

## 项目小结

我们通过设计主题班会演示文稿及汽车展销活动演示文稿，掌握了演示文稿的设计思路与基本制作流程：从主题样式设计，到内容的组织编排与美化，再到动画、切换效果的设计。通过项目实训，我们巩固了 PowerPoint 软件操作的基本知识，学到了幻灯片内容设计的新技巧，提升了对实际场景应用中 PPT 设计的新认识。希望同学们将所学知识融会贯通，制作出精美的演示文稿，有美术设计基础的同学可以尝试 PPT 母版的设计。

## 学习成果达成与测评

| 项目名称 | 演示文稿设计 | | 学　　时 | 8 | 学分 | 0.4 |
|---|---|---|---|---|---|---|
| 安全系数 | 1级 | 职业能力 | PowerPoint 基础操作、信息表达与展现能力 | | 框架等级 | 6级 |
| 序　号 | 评价内容 | 评价标准 | | | | 分数 |
| 1 | 演示文稿基本操作 | 能够掌握演示文稿的新建、打开和保存等操作 | | | | |
| 2 | 母版视图 | 能够了解幻灯片母版的作用，设计母版中的占位符和项目符号 | | | | |
| 3 | 幻灯片的基本操作 | 能够掌握新建、移动、复制和删除幻灯片 | | | | |
| 4 | 幻灯片版式 | 能够应用幻灯片版式 | | | | |
| 5 | 插入文字和表格、图表等对象 | 能够添加文字和表格、图表、SmartArt 对象，设置格式 | | | | |
| 6 | 插入音频、视频 | 能够插入音频和视频，设置效果选项 | | | | |
| 7 | 插入图片 | 能够插入图片，调整图片亮度和对比度、锐化以及重新着色设置 | | | | |
| 8 | 动画效果 | 能够设置进入、强调、退出和路径动画，调整动画顺序、延迟等效果 | | | | |
| 9 | 幻灯片切换 | 能够设置幻灯片切换效果 | | | | |
| 10 | 设置超链接 | 能够设置文字及图片的超链接 | | | | |
| 11 | 插入动作按钮 | 能够插入动作按钮并设置超链接效果 | | | | |
| 12 | 排练幻灯片 | 能够排练幻灯片 | | | | |
| 13 | 设置幻灯片播放 | 能够设置自定义幻灯片播放效果 | | | | |
| 14 | 打包演示文稿 | 能够将演示文稿打包 | | | | |

续表

| 考核评价 | 项目整体分数(每项评价内容分值为1分) | |
|---|---|---|
| | 指导教师评语： | |
| 备注 | 奖励：<br>(1) 按照完成质量给予1~10分奖励,额外加分不超过5分。<br>(2) 每超额完成1项任务,额外加3分。<br>(3) 巩固提升任务完成为优秀,额外加2分。<br>惩罚：<br>(1) 完成任务超过规定时间,扣2分。<br>(2) 完成任务有缺项,每项扣2分。<br>(3) 任务实施报告中存在歪曲事实、个人杜撰或有抄袭内容,不予评分。 | |

# 项 目 自 测

## 一、知识自测

1. PowerPoint 2021制作的演示文稿储存后,默认的文件扩展名是(    )。
   A. .pptx        B. .exe        C. .bat        D. .bmp
2. 幻灯片中占位符的作用是(    )。
   A. 表示文本长度            B. 限制插入对象的数量
   C. 表示图形大小            D. 为文本、图形预留位置
3. PowerPoint 的母版有(    )种类型。
   A. 2        B. 3        C. 4        D. 6
4. 如果要播放演示文稿,可以使用(    )。
   A. 幻灯片视图              B. 大纲视图
   C. 幻灯片浏览视图          D. 幻灯片放映视图
5. 在幻灯片母版中插入的对象只能在(    )中修改。
   A. 幻灯片视图              B. 幻灯片母版
   C. 讲义母版                D. 大纲视图
6. 空白幻灯片中不可以直接插入(    )。
   A. 文本框      B. 文字        C. 艺术字      D. Word 表格
7. 若要使一张图片出现在每一张幻灯片中,需要将该图片插入到(    )中。
   A. 幻灯片模板  B. 标题幻灯片  C. 文本框      D. 幻灯片母版
8. 幻灯片布局中的虚线框是(    )。
   A. 文本框      B. 图文框      C. 占位符      D. 表格
9. 在"自定义动画"任务窗格中为对象"添加效果"时,不包括(    )。
   A. 进入        B. 退出        C. 强调        D. 切换

10. 下列叙述错误的是(　　)。
    A. 幻灯片母版中添加了放映控制按钮,则所有的幻灯片上都会包含放映控制按钮
    B. 幻灯片之间不能进行跳转链接
    C. 幻灯片中也可以插入自己录制的声音文件
    D. 播放幻灯片的同时,也可以播放 CD 唱片
11. 在幻灯片浏览视图中不能进行的操作是(　　)。
    A. 删除幻灯片　　　　　　　　B. 编辑幻灯片内容
    C. 移动幻灯片　　　　　　　　D. 设置幻灯片放映方式
12. 如果要求幻灯片能在无人操作的环境下自动播放,应该事先对演示文稿进行(　　)。
    A. 自动播放　　B. 排练计时　　C. 存盘　　D. 打包
13. 幻灯片中插入了声音后,幻灯片中将会出现(　　)。
    A. 喇叭标记　　　　　　　　　B. 一段文字说明
    C. 超链接说明　　　　　　　　D. 超链接按钮
14. 放映幻灯片时,要对幻灯片的放映具有完整的控制权,应使用(　　)。
    A. 观众自行浏览　　B. 排练计时　　C. 展台浏览　　D. 演讲者放映
15. 需要将幻灯片移至其他地方放映时,应(　　)。
    A. 将幻灯片文稿发送至磁盘　　　B. 将幻灯片打包
    C. 设置幻灯片的放映效果　　　　D. 将幻灯片分成多个子幻灯片

## 二、技能自测

文慧是弘德社会公益组织的义工,她的 PPT 设计作品广受好评。应青岛市节水展馆的邀请,她要为展馆制作一份宣传水知识及节水活动的演示文稿。制作要求如下:

(1) 标题页包含演示主题、制作单位(青岛市节水展馆)和日期(××××年××月×日)

(2) 为演示文稿应用恰当的主题风格,幻灯片不少于 8 页,版式不少于 3 种,每张幻灯片都放上节水标志 Logo。

(3) 作品中恰当地使用文字、图片、背景等展示内容,充分利用图表、SmartArt 图等方式呈现数据,并有 3 个以上超链接进行幻灯片间的跳转。

(4) PPT 制作突出地域特色,使用动画、幻灯片切换等丰富演示效果。

(5) 演示文稿播放时,全程需要有背景音乐,可以在 PPT 中添加短视频、电子相册等增强动态效果。

(6) 将制作完成的演示文稿以"水资源利用与节水.pptx"为文件名进行保存。

# 学习成果实施报告

| 题 目 | | | | | |
|---|---|---|---|---|---|
| 班 级 | | 姓 名 | | 学 号 | |

任务实施报告

(1) 请对本项目的实施过程进行总结,反思经验与不足。
(2) 请记述学习过程中遇到的重难点以及解决过程,总结演示文稿美化的设计规律。
(3) 请介绍探索出来的演示文稿操作技巧。
(4) 请介绍利用演示文稿技能参与的社会实践活动,设计的作品等。
(5) 请对本项目的任务设计提出意见以及改进建议。
报告字数要求为800字左右。

考核评价(按10分制)

| 教师评语: | 态度分数 | |
|---|---|---|
| | 工作量分数 | |

考评规则

工作量考核标准:
(1) 任务完成及时,准时提交各项作业。
(2) 勇于开展探究性学习,创新解决问题的方法。
(3) 实施报告内容真实,条理清晰,逻辑严谨,表述精准。
(4) 软件操作规范,注意机器保护以及实训室干净整洁。
(5) 积极参与相关的社会实践活动。
奖励:
  本课程特设突出奖励学分:包括课程思政和创新应用突出奖励两部分。每次课程拓展活动记1分,计入课程思政突出奖励;每次计算机科技文化节、信息安全科普宣传等科教融汇活动记1分,计入创新应用突出奖励。

# 自主创新项目

演示文稿已成为我们生活和工作的重要组成部分,特别是在企业和产品的推介与宣传、日常学习和工作的总结与汇报、教育培训及婚礼庆典等很多领域都起着举足轻重的作用。PowerPoint 的功能远比我们想象中强大,特别是 PowerPoint 2021 版本又增添了许多更丰富的功能等待着我们去挖掘、学习和使用。

请结合个人的实际应用情况和兴趣爱好,开展研究型学习,自主开发设计一个项目。请将该项目的具体内容记录在下表中,包括项目名称、项目目标、项目分析、知识点、技能训练点、任务实施和考核评价等。

研讨内容可以围绕以下几点。

(1) ×××课程学习总结或答辩演示文稿。
(2) ×××活动策划演示文稿。
(3) 个人求职简历演示文稿。
(4) 电子相册(围绕一个主题)。
(5) 垃圾分类的普及与宣传演示文稿。

| 项目名称 | | 学时 | |
|---|---|---|---|
| 开发人员 | | | |
| 项目目标 | 知识目标: | | |
| | 能力目标: | | |
| | 素质目标: | | |
| 项目分析 | | | |
| 知识图谱 | | | |
| 关键技能训练点 | | | |
| 任务实施 | | | |
| 考核评价 | | | |

# 项目 6 多媒体技术应用

**项目导读**

多媒体技术可以利用计算机对文本、图像、声音、动画、视频等多种信息进行综合处理，建立各种媒体的逻辑关系并进行人机交互。它具有多样化、集成性、交互性、智能性和易扩展性等特点。关注多媒体技术的发展趋势，熟悉它最新的使用方法，是大学生必须掌握的基本技能。

**职业技能目标**

- 了解多媒体技术的基础知识，掌握各类多媒体文件的格式及特点。
- 熟练掌握图像的编辑方法，能够利用移动端图像处理工具进行图像处理与美化。
- 熟练掌握短视频的脚本设计、录制和剪辑方法，能够选择合适的软件制作短视频。
- 了解虚拟现实技术的概念、关键技术及应用领域。
- 具有较强的自主学习能力，善于用多媒体方式记录生活并感知生活。

**素养目标**

- 培养学生的表达能力和媒体素养。
- 培养学生发现、欣赏、理解和评价美的能力。
- 培养学生的创造力和团队合作能力。
- 培养学生的国际化视野。

**项目实施**

当前，信息传播方式已经进入了读图时代和短视频时代，海量的信息以直观生动、多种感官参与体验的方式展现出来，这对以往纯文字的呈现方式造成了较大的冲击。多媒体技术极大地改变了人们获取信息的传统方法，符合人们在信息时代的阅读方式。本项目通过格式工厂软件完成视频、音频、图片的转换，以及城市共享单车海报设计和"一带一路"主题短视频制作三个任务，详细介绍了多媒体技术的基础知识、图像处理与美化以及短视频设计的流程和操作技能。

## 任务 6.1 利器在手，转换不愁

**学习目标**

知识目标：掌握多媒体技术基础知识；了解虚拟现实技术的概念、关键技术及应用场景。
能力目标：能够进行多媒体文件的格式转换，能选用高效的多媒体工具解决实际问题。

**素养目标**：培养学生的信息意识，树立科技强国的观念。

### 建议学时

2学时

### 任务要求

小军希望利用一款手机 App 进行高效的时间管理。请你为他推荐一款基于时间管理功能的 App，并利用手机录屏的方式录制使用方法视频，并将此视频在格式工厂 App 中进行格式转换，制作包括视频、音频、文本等多元化的 App 使用导览。

### 任务分析

一寸光阴一寸金，我们要学会做时间的主人，让每一分每一秒过得更有价值。随着移动互联生活方式的普及，借助移动端的时间管理软件，具有日常计划制订、任务打卡、备忘录标记等功能，养成高效的学习生活习惯。

### 电子活页目录

多媒体的基础知识电子活页目录如下：
（1）多媒体的概念
（2）常见的视频格式
（3）常见的音频格式
（4）常见的图片格式
（5）常见的文本格式
（6）PDF 在线文件处理工具
（7）虚拟现实技术及其应用
（8）元宇宙那些事儿

视频：任务 6.1
多媒体格式转换

电子活页：多媒体的基础知识

### 任务实施

**步骤 1** 选取一款合适的时间管理 App

打开手机的应用商店，输入关键字"时间管理"，即可出现"指尖时光""时光序""滴答清单"等一系列 App，选取一款能匹配需求的 App 进行下载和安装。

**步骤 2** 利用手机录屏工具完成 App 使用流程的录制

打开 App 了解有关时间管理的功能模块，操作各项时间管理功能。在下滑工具栏中找到录屏工具，如图 6-1 所示，录制整个使用流程。

---
**知识点拨**

除了使用手机自带的屏幕录制功能进行视频录制外，还可以使用第三方录屏软件。在应用商店中搜索"录屏"，可获得一系列录屏工具，大多数 App 支持全屏录制，且使用方法简单，只需启动软件，单击"开始录制"按钮即可。

---

项目 6　多媒体技术应用

**步骤 3**　查看录制的视频,在格式工厂中将视频转换为.MOV 格式

（1）在手机中查看视频信息。在手机相册中定位需要查看的视频,单击屏幕右上方的信息查看图标,如图 6-2 所示,即可显示本视频的尺寸、存储路径、名称及格式等基本信息。

图 6-1　手机下滑工具栏的屏幕录制功能快捷入口　　　图 6-2　视频格式查看路径

（2）在格式工厂中将视频转换为.MOV 格式。启动格式工厂 App,定位视频处理工具模块,选取本地相册中的目标视频打开,进入格式转换界面,选取.MOV 格式,完成视频转换,生成视频版 App 使用导览,如图 6-3 所示。.MOV 即 QuickTime 封装格式(也叫影片

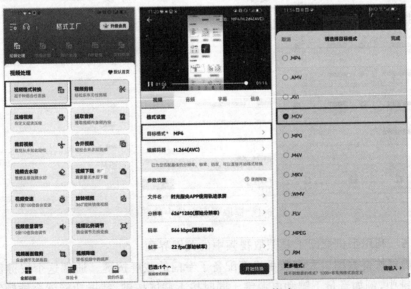

图 6-3　将视频转换为.MOV 格式

167

格式),它是 Apple 公司开发的一种音频、视频文件封装,用于存储常用数字媒体类型,它具有跨平台、存储空间要求低等技术特点。

> **知识点拨**
>
> 在格式工厂的视频格式转换界面中除了能进行格式转换,还能对目标视频的编码器、分辨率、码率和帧率进行转换。
>
> 编码器:视频流传输中重要的编解码标准有国际电联的 H.261、H.263、H.264、M-JPEG、MPEG、WMV 和 QuickTime 等。2022 年 7 月,中国 AVS3 音视频信源编码标准被正式纳入国际数字视频广播组织核心规范。
>
> 分辨率:分辨率分为显示分辨率、图像分辨率、打印分辨率和扫描分辨率等。通常情况下,图像分辨率越高,所包含的像素就越多,图像就越清晰,印刷质量也就越好,但同时也会增加文件占用的存储空间。
>
> 码率:又称比特率,指单位时间内传送的比特数。
>
> 帧率:以帧为单位的位图图像连续出现在显示器上的频率(速率)。帧率高可以得到更流畅、更逼真的动画。

**步骤 4** 在格式工厂中提取录制视频的音频内容

在格式工厂 App 中定位音频处理板块,选取"提取音频"工具,在本地相册中选取录制的视频,进入"格式设置"面板,选择.MP3 目标格式导出,如图 6-4 所示。

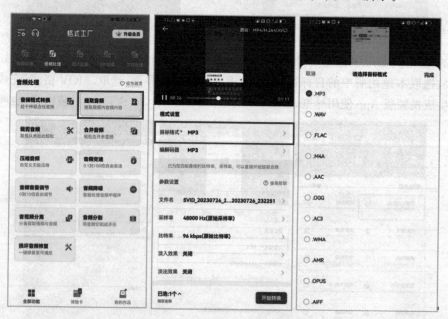

图 6-4 提取视频文件中的音频

**步骤 5** 利用手机截图工具截取视频中的关键界面

(1)物理按键截图。大多数手机都配备了专门的截屏按键。通常这个按键位于手机的物理按键中,例如音量下键和电源键。同时按下截屏按键,截屏功能就会被触发。

（2）屏幕手势截屏。部分手机提供了屏幕手势截屏的功能，需要进入手机的设置菜单，找到手势或辅助功能选项。根据手机型号的不同，手势可以是滑动、敲击或其他操作。

（3）使用截屏应用程序。在应用商店搜索"截屏应用"关键词，根据需求选择合适的截屏应用程序进行下载和安装。

**步骤 6** 查看截图文件信息，在格式工厂中将截图转换为.PNG 格式

（1）查看截图文件的格式。截屏成功后，手机屏幕会有短暂的闪烁，通常会有提示音。可以通过通知栏或相册等方式查看截屏的图像。单击屏幕右上方的"信息查看"图标，如图 6-5 所示，即可显示本图像的尺寸、存储路径、名称及格式等基本信息。

（2）在格式工厂中将截图转换为.PNG 格式，如图 6-6 所示。在图片处理功能模块下定位"图片格式转换"工具，选取截图图像，在格式设置页面，选择目标格式，完成图片格式转换。

**步骤 7** 利用格式工厂的文档处理工具，将截图合并为一个 PDF 文档

在文档处理功能模块下定位"图片转 PDF"工具，选取需要合并的截图图像，如图 6-7 所示，勾选"合并为一个 PDF"选项，根据需要进行文件命名和开启密码保护。

图 6-5 截图图像格式查看路径

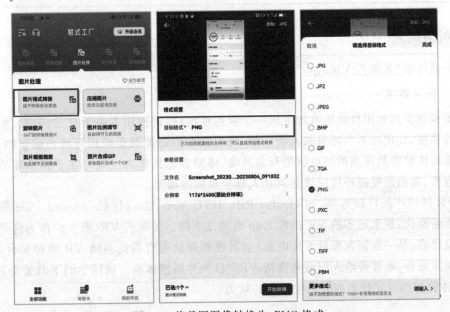

图 6-6 将截图图像转换为.PNG 格式

图 6-7 截图文件合并 PDF 文档

---

**多彩课堂**

华罗庚说过:"时间是由分秒积成的,善于利用零星时间的人,才会作出更大的成绩来。"作为当代大学生,应当学会科学有效地安排学习和生活。请你利用时间管理四象限法则为自己制订三天生活计划。

时间管理四象限法则:①既紧急又重要的,如即将到期的任务;②重要但不紧急的,如人际关系;③紧急但不重要的,如电话铃声;④既不紧急也不重要的,如上网、闲谈等。

---

### 巩固提升

下面体验"爱奇艺 VR App"。

**1. 任务要求**

虚拟现实是利用计算机系统生成一个模拟环境,提供使用者关于视觉、听觉、触觉等感官的模拟,让使用者如同身临其境一般,可以没有限制地观察模拟环境内的事物。VR技术带给体验者最深刻的特点就是身临其境,体验者感到作为主角存在于模拟环境中的真实程度,理想的模拟环境应该达到让人难辨真假的程度。

VR 硬件产品日新月异,如 Oculus Rift、HTC Vive、Google Cardboard、Pico 等设备不断更新换代,越来越多的 VR 内容 App 也随之上线。爱奇艺 VR(图 6-8)作为这类 App 的典型代表,是一款拥有海量 VR 电影、全景视频和动漫资源的高清 VR 内容平台,配合虚拟现实设备,能够带给人们海量高清 VR/3D 大片震撼体验。请同学们下载爱奇艺 VR App,体验虚拟现实技术在娱乐生活中的魅力。

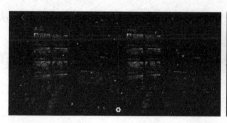 

图 6-8 爱奇艺 VR App 界面

**— 多读善思 —**

党的二十大报告指出,建设现代化产业体系,推动制造业高端化、智能化、绿色化发展。Pico 作为我国自主研发的 VR 头显设备,已跻身消费市场第一梯队,Pico Neo3 系列在国内取得不凡的销售成绩。2022 年 9 月,Pico 召开海外新品发布会,发布全新 4 主机。Pico 已发布操作系统,软硬件生态雏形已现,兼具科技与消费两大属性。

**2. 任务实施**

（1）在手机应用市场下载"爱奇艺 VR"程序。

（2）用爱奇艺 VR 观看电影或者视频,感受沉浸式视频和 VR 产品的魅力。

（3）除了爱奇艺 VR App,也可以体验其他 VR 类 App,例如,优酷 VR App、暴风魔镜 App、橙子 VR App、Uto VR App、VR 热播 App 等。

**— 多读善思 —**

元宇宙是利用科技手段进行链接与创造的,与现实世界映射与交互的虚拟世界,具备新型社会体系的数字生活空间。元宇宙指人类运用数字技术构建的,由现实世界映射或超越现实世界,可与现实世界交互的虚拟世界。

元宇宙时代已经开启,整个世界正在进入全面数字化。元宇宙前景被市场看好,其底层技术发展已逐渐完备。元宇宙涉及非常多的底层技术,包括人工智能、数字孪生、区块链、云计算、脑机接口、5G 等。这些底层技术与元宇宙相结合,就形成一个庞大的元宇宙产业链。元宇宙主要有以下几项核心技术:一是扩展现实技术,包括 VR 和 AR。扩展现实技术通过计算机将真实与虚拟相结合,打造一个可人机交互的虚拟环境,这也是 AR、VR、MR 等多种技术的统称。通过将三者的视觉交互技术相融合,为体验者带来虚拟世界与现实世界之间无缝转换的"沉浸感"。二是数字孪生,能够把现实世界镜像到虚拟世界里面去。这也意味着在元宇宙里面,我们可以看到很多自己的虚拟分身。三是用区块链来搭建经济体系,随着元宇宙进一步发展,对整个现实社会的模拟程度加强。

## 任务 6.2　照片海报设计

**学习目标**

知识目标:掌握图像裁剪、图像色调和敏感度调整等图像处理基本操作。

能力目标：能够设计文字，对图像进行分析，运用移动端图像处理 App 解决实际问题。

素养目标：鼓励学生发现自然之美；感受设计的乐趣，培养艺术鉴赏能力和创新能力。

### 建议学时

4 学时

### 任务要求

加快形成绿色生产方式和生活方式，是党中央作出的重要战略部署。绿色生产方式主要体现在构建科技含量高、资源消耗低、环境污染少的绿色生产体系，倡导人们在日常生活中厉行节约、保护生态环境，涉及绿色消费、绿色出行、节水节电等。共享单车正是践行绿色环保的有力之举，也是共享经济的重要组成部分。请用手机拍摄一组共享单车照片，自拟文案，在 Snapseed App 中以"资源—环保—共享"为主题设计照片海报。

### 任务分析

不论是生活还是工作中，照片海报成了我们讲述故事及传播信息的重要展现形式，照片质量直接影响到信息传达的效率。因此我们往往在拍摄照片后再进行适当的处理，生成主题性强的照片海报。

具体要求如下：
（1）选择高效的图片编辑工具。
（2）将修图工具 APK 文件安装到移动设备上。
（3）用手机拍摄构图适当、主题鲜明的照片素材。
（4）裁剪尺寸，使图片大小适当，去掉与主题无关的画面。
（5）调整画面亮度和对比度。
（6）调节画面色调。
（7）匹配合适的主题文案。

视频：任务 6.2
图片编辑处理

利用移动端的 Snapseed 图片处理软件完成照片海报制作，效果如图 6-9 所示。

图 6-9　照片海报效果

## 知识点拨

目前市面上美颜相机或者照片编辑应用软件很多,大多数软件主打功能都是滤镜效果,也就是所谓的"一键修图"。Snapseed 更贴合自然的、不浮夸的修图风格,引导用户根据自己的需求和审美,从照片的曝光、饱和度、对比度等参数调节入手,创建独一无二的后期美化效果,使得每张照片都是"会讲故事的载体"。因此,Snapseed 被誉为是移动平台上的 Photoshop。

### 电子活页目录

Snapseed 手机修图教程电子活页目录如下:
(1) Snapseed 软件主界面介绍
(2) Snapseed 修图工具详解

电子活页:Snapseed 手机修图教程

### 任务实施

**步骤 1** 将修图工具 APK 文件安装到手机上

(1) 将 APK 文件复制到手机存储卡上(可用数据线复制,也可以通过微信、网盘等方式复制)。

(2) 在手机上运行 APK 文件,按照提示完成安装。

## 知识点拨

APK 是 Android application package 的缩写,即 Android 安装包。Android 应用程序代码在 Android 设备上运行,必须先进行编译,然后打包成 Android 系统所能识别的文件才能运行,这种能被 Android 系统识别并运行的文件格式就是 APK。APK 文件内包含被编译的代码文件(.dex 文件)、文件资源、原生资源文件、证书和清单文件。

**步骤 2** 照片导入

启动 Snapseed App,如图 6-10 所示,点按任何位置即可打开照片,或进入图库选择要编辑的图片。

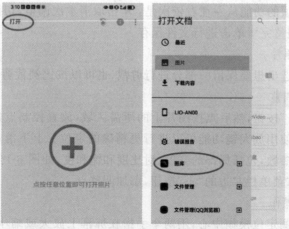

图 6-10　在 Snapseed 中导入要编辑的图片

**步骤3　样式选择**

修图软件本身自带一些样式,可以直接选取一个样式套用,就可以改变原图的色调,使用方便,可快速呈现修图效果,如图6-11所示。

图6-11　在 Snapseed 中利用滤镜改变照片色调

**步骤4　照片色调手动调整**

进入调整选项后,上下滑动可以选择调整工具,如图6-12所示。左右滑动可以调节参数,对每个参数进行精准调整。

底部工具栏选项的功能从左往右依次是:单击取消本次调整,切换调整项目,单击一键自动调整功能,调整完毕单击进行文件保存。

**步骤5　裁切照片**

通过选择框来选出想要保留的部分进行剪裁,也可以按比例裁剪,如图6-13所示。

**步骤6　局部调整**

单击底部的"＋"按钮,然后点按图片上的所需区域,放置控制点(控制点为蓝色高亮显示),长按控制点使用放大镜功能可以进行更精确的定位。上下滑动选择调整工具,左右滑动调节具体的参数,包括局部的亮度、对比度和饱和度,如图6-14所示。多个地方需要调整时,单击下方菜单栏左边的"＋"按钮,添加调整点。

**步骤7　模糊操作**

用手指拖动圆圈定位模糊中心,用两个手指在屏幕上放大或缩小,调整椭圆度、旋转

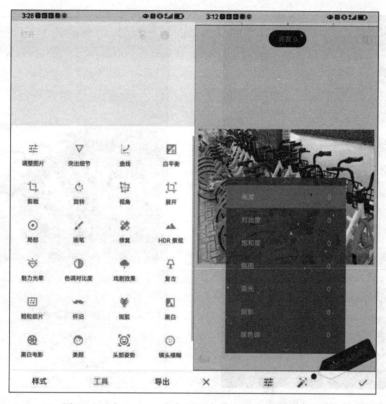

图 6-12　在 Snapseed 中利用参数调整进行调色处理

角度等。将手指放到屏幕上,上下滑动选择要调整的项目(模糊强度、过渡、晕影强度),然后再将手指放到屏幕上,左右移动调整数值,如图 6-15 所示。

**步骤 8**　添加文字

在工具栏中,激活"文字"功能,输入文字内容,单击"确定"按钮即可。Snapseed 的文字可以改变颜色、透明度和文字模板样式,如图 6-16 所示。同时用两个手指控制可以改变文字的大小、位置,还可以旋转文字。

**步骤 9**　滤镜效果

滤镜效果包括镜头模糊、魅力光晕、色调对比度和 HDR 景观等。使用者可以根据修图需求选择不同滤镜,并进行参数调整,快速实现修图效果。

**步骤 10**　添加边框

在工具栏中,激活"相框"功能,为图片海报添加边框,起到修饰作用。边框的样式、粗细可以进行自定义。

**步骤 11**　图片输出

在图像调整完成之后,单击底部工具栏中的"导出"按钮,弹出"导出"选择框。选择"保存"命令,新文件会覆盖旧文件,旧的图像将不被保留;选择"导出"或"导出为"命令,原文件不被更改,新文件将被独立保存,如图 6-17 所示。

图 6-13　在 Snapseed 中裁剪图像大小　　　图 6-14　局部亮度、对比度、饱和度调节

图 6-15　在 Snapseed 中进行模糊处理操作

图 6-16　在 Snapseed 中为图片添加文字标题

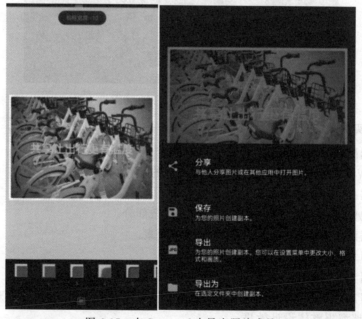

图 6-17　在 Snapseed 中导出照片成品

**多彩课堂**

　　共享经济将成为社会服务行业内重要的力量,在住宿、交通、教育服务、生活服务及旅游领域,优秀的共享经济公司不断涌现。共享单车、共享充电宝、拼车服务等都是和我们日常生活密切相关的共享经济案例。你还体验过其他共享经济的产品和案例吗？请分享你的使用体验,分析共享经济的现状与发展趋势。

## 巩固提升

下面设计照片墙海报。

**1. 任务要求**

为提升班级文化氛围和凝聚力,某班级要设计照片墙,计划利用 Windows 系统下的画图工具,对挑选出的照片进行裁剪、加文案和加画框处理,最后拼合成一张具有美感的照片墙海报,效果如图 6-18 所示。

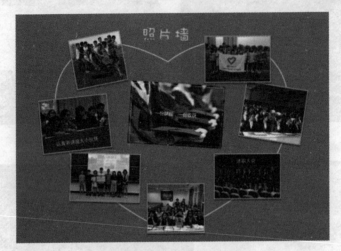

图 6-18　照片墙海报示意图

**2. 任务实施**

(1) 筛选出班级活动的经典照片。

(2) 在 Windows 画图软件中逐张处理挑选的照片。

(3) 依据百分比或像素数值调节图像大小。

(4) 用裁剪工具裁切照片,剪切掉边缘的冗杂部分。

(5) 根据照片主题,添加文字、形状和线条元素。

(6) 将图片保存为 JPG 格式。

(7) 使用光面照片纸打印处理好的照片。

(8) 将照片贴在毛毡板上,粘贴装饰线条。注意排版美观,具有较好的观赏性和艺术感,呈现照片墙海报整体设计效果。

# 任务 6.3　短视频设计制作

**学习目标**

知识目标:掌握短视频脚本设计和剪辑技法,了解镜头语言和组接规律。

能力目标:能够设计短视频脚本,设置转场和添加特效,培养学生的审美能力和表达能力。

素养目标：提升学生的民族自豪感，培养学生的发散性思维，提升学生的艺术素养。

### 建议学时

2 学时

### 任务要求

党的二十大报告指出推动建设开放型世界经济，推动"一带一路"的高质量发展。"一带一路"是丝绸之路经济带和21世纪海上丝绸之路的简称。当代大学生需要了解古代丝绸之路的历史，深入贯彻"一带一路"倡议。新疆地处我国西北部，是中国连接中亚、西亚和欧洲最为便捷的陆路通道，也是"一带一路"建设的核心区域。请收集相关资料，包括文本、图片和视频等，以"丝绸之路东西方文明交流的桥梁——新疆"为主题设计脚本，制作短视频，介绍新疆的自然风光、美食文化、风土人情等。

### 任务分析

近几年来，随着中国互联网由门户时代、电商时代、移动时代进入内容消费为主的内容时代，短视频得到迅猛发展，并逐渐进入由量到质的蓬勃发展阶段。"轻量""精品""小而美""年轻化"是当下短视频的关键词，意义深刻、富含创意的视频作品往往能够更快地吸引人的注意力。字、声、画的相互融合能提升视频作品的感染力，直击观众内心，引发强烈共鸣。本视频要求如下：

视频：任务6.3 短视频制作

（1）可以采用 Premiere、Edius 等专业软件，也可以采用剪映或蜜蜂剪辑等手机端软件制作，导出 MP4 格式的视频。

（2）实景视频丰富；画面富有视觉冲击力；标题文字铿锵有力；背景音乐撼动人心。

（3）进行转场和滤镜效果修饰，呈现新疆作为丝绸之路东西方文化桥梁的独特魅力。经典镜头效果如图 6-19 所示。

图 6-19　短视频经典镜头效果

### 电子活页目录

短视频剪辑相关知识电子活页目录如下：
（1）非线性视频编辑器
（2）短视频脚本设计
（3）蜜蜂剪辑软件（视频编辑王）的功能特点

电子活页：短视频剪辑相关知识

### 任务实施

**步骤1** 软件下载安装

（1）选用蜜蜂剪辑软件（原视频编辑王）作为制作工具，这款视频剪辑软件具有支持所有主流媒体格式、视频剪辑精准快速和特效丰富的优势。可在官方网站下载。

（2）单击网页中的"免费下载"按钮，下载 beecut-setup.exe 安装文件包。下载完毕，启动安装进程进行软件安装。

**步骤2** 短视频脚本设计

视频脚本是拍摄的指导大纲，用于组织和指导视频制作过程中的所有活动。它是视频拍摄制作的核心文件，包含视频拍摄和剪辑的所有细节和规划。采用表格方式展开脚本设计，是高效且清晰的一种方式，短视频脚本设计如表6-1所示。

表6-1 短视频脚本设计

| 镜头序号 | 内容 | 功能 | 标题/解说 | 背景音乐 |
| --- | --- | --- | --- | --- |
| 1 | "一带一路"背景介绍 | 渲染政策大环境 | "一带一路"倡议旨在借用古代丝绸之路的历史符号，高举和平发展的旗帜，积极发展与共建国家的经济合作伙伴关系，共同打造政治互信、经济融合、文化包容的利益共同体、命运共同体和责任共同体 | 缓慢背景音乐 |
| 2 | 丝绸之路起源 | 丝绸之路的历史渊源 | 新疆是丝绸之路上东西方文化交流的桥梁 | 节奏舒缓背景音乐 |
| 3 | 新疆的自然风光 | 展示新疆的大好河山 | 走进新疆，你就走进了雪山，走进了高原，走进了自然，走向了理想 | 节奏舒缓背景音乐 |
| 4 | 新疆少数民族画面 | 表达民族大团结的氛围 | 牧民们骑着骏马，优美的身姿映衬在蓝天、雪山和绿草之间 | 节奏轻快背景音乐 |
| 5 | 新疆的民俗介绍 | 彰显不一样的民俗民风 | 新疆在漫长的历史发展过程中，形成了不同的风俗习惯，具有浓郁的民族特色，包括院落式的住宅风格、饮食习俗、待客习俗、节庆习俗等 | 节奏轻快背景音乐 |
| 6 | 新疆服饰展示 | 新疆少数民族传统服饰场景展示 | 维吾尔族服饰绚丽多彩，洒脱大方，装饰精美，与自然环境、实用功能、文化传承、审美趣味息息相关，是民族性格、文化的生动表达 | 节奏轻快背景音乐 |
| 7 | 新疆特色美食 | 羊肉串、酥油茶、烤馕等场景展示 | 碗中浓浓的酥油茶，像是一滴热泪，又像是高山之巅宁静的纳木错湖 | 节奏轻快背景音乐 |
| 8 | 新疆对现代丝绸之路的贡献 | 呼应主题 | 从边陲到枢纽，新疆作为丝绸之路经济带核心区地位日益显现 | 气势宏大背景音乐 |

以上剧情设计仅为了举例说明脚本表格的用途,其内容并非最优方案。请在视频编辑前,发挥创意思维,优化剧本细节,创作出精彩的短视频作品。

**步骤 3** 选择屏幕类型

启动蜜蜂剪辑软件,选择合适的屏幕比例尺寸。目标发布平台为 PC 端,故选择 16∶9(宽屏幕)的屏幕设置,如图 6-20 所示。

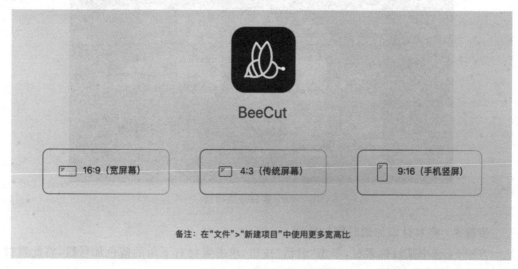

图 6-20 设置屏幕比例

**步骤 4** 在视频编辑器中导入素材

(1) 进入蜜蜂剪辑操作窗口,通过单击左上角的"导入"按钮或直接拖曳文件的方式,将剪辑素材导入编辑器素材窗口,如图 6-21 所示。

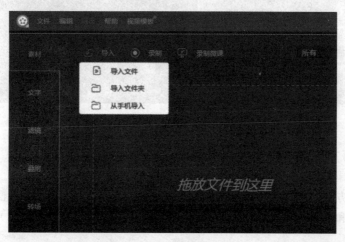

图 6-21 导入素材文件

(2) 右击某个已导入素材,出现快捷菜单,可以进行多项编辑操作。素材窗口右上方的下拉菜单可以根据素材类型进行分类筛选,如图 6-22 所示。

图 6-22　素材分类筛选

**步骤 5**　将素材添加到时间轴轨道

方法 1：选中某目标素材，单击"激活"按钮，单击素材右下角的蓝色加号■，将此素材加入时间轴轨道中，如图 6-23 所示。

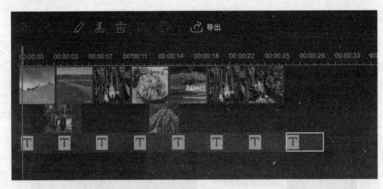

图 6-23　添加素材于时间轴轨道

方法 2：将素材直接拖入时间轴轨道中。

**步骤 6**　编辑、调整时间轴素材

时间轴上方红色框线内的各项命令可对时间轴上的素材进行编辑调整，包括编辑、分割、裁剪、删除和缩放等，如图 6-24 所示。在激活编辑命令后的页面窗口中，可以调整对比度、饱和度等。

**步骤 7**　添加文字标题

激活文字窗口，选择合适的标题类型添加到时间轴轨道中，如图 6-25 所示。

双击时间轴轨道中的文字素材，进入该文字的编辑状态，如图 6-26 所示。可以对文字内容、位置及样式进行更改，通过拖动文字素材的出入点可控制其在视频中出现的时长。

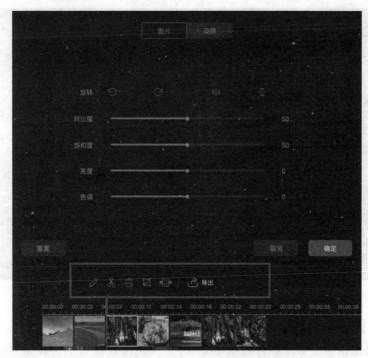

图 6-24 编辑导入时间轴轨道的素材

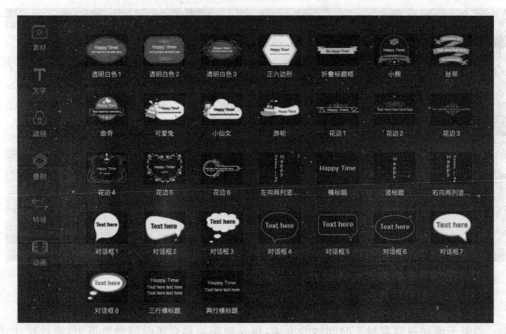

图 6-25 添加文字标题与旁白

图 6-26　对添加的标题进行文本编辑

**步骤 8**　添加转场效果

转场效果默认加在每段素材的结尾部分,实现该段素材和下一段素材的过渡效果。激活转场窗口,选择合适的转场类型添加在时间轴的轨道素材上,如图 6-27 所示。双击时间轴上的转场小方格,可以调整转场时长。

图 6-27　添加转场

**步骤 9**　设置背景音乐和音效

类似于添加视频素材于时间轴的方式,将音频添加到音频时间轴轨道中,通过拉动首尾可以调节音频的播放区间,如图 6-28 所示。

图 6-28 添加音乐

**步骤 10** 导出视频

单击左上角的"导出"按钮,可选择"导出视频""导出至设备""导出音频"三种模式。选择常用的"导出视频"通道,可对视频文件名称、输出目录、视频格式和视频分辨率进行设置。常用视频格式为 MP4 格式,常用分辨率为 1280 像素×720 像素,如图 6-29 所示。最后单击窗口右下方的蓝色"导出"按钮即可。

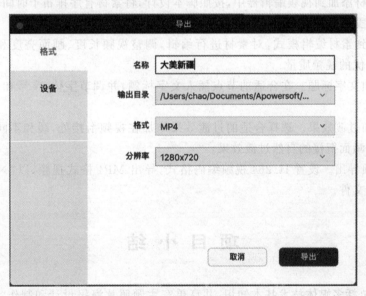

图 6-29 "导出"对话框

> **多彩课堂**
>
> 电视纪录片《一带一路》以"一带一路"倡议为主题,以丝绸之路经济带和21世纪海上丝绸之路为主线,反映了中国乃至共建国家地区的巨大变化。请同学们观看此纪录片,并完成一篇观后感,深化对"一带一路"倡议的认知。

**巩固提升**

下面进行"青春永不散场"毕业主题短视频制作。

**1. 任务要求**

毕业是节点,但不是终点;是启程,而不是永别。影视社团接到某毕业班级的邀请,为其制作毕业纪念短视频,为大学生活留下美好的记忆。要求视频故事线清晰,剧情安排合理,素材衔接得当,具有一定的艺术价值。

**2. 任务实施**

(1) 软件准备。选择适合自己的视频剪辑器,制作短视频。

(2) 脚本设计。根据"青春永不散场"毕业纪念的主题,进行分镜头设计。

(3) 视频素材采集与整理。

① 获取视频素材的方式很多,可以拍摄或收集班级活动照片、生活学习素材,也可以从网络上下载与毕业主题相关的素材(注意不要侵犯版权,尊重网络知识产权)。

② 将收集的素材根据视频、音频、图片分类进行系统化整理,也可根据不同的脚本内容按照时间线进行分类。

(4) 添加素材。

① 将素材添加到视频编辑器中,按照脚本设计,将素材有序排布于时间轴轨道中。

② 对每段素材的入点和出点进行调节,保证前后素材内容合理衔接。

③ 切换到素材编辑模式,对素材进行编辑,调整视频长度、画面亮度和对比度等项目,以获得最优的视频质量。

(5) 添加文字标题。在合适的节点插入文字标题,并调节字体、字号和位置,达到最佳艺术效果。

(6) 添加过渡效果。选择合适的过渡效果添加在视频衔接处,缓和不同场景切换的突兀感,达到画面衔接的自然过渡效果。

(7) 视频导出。设置 H.264 视频编码格式,导出 MP4 格式视频,以"×××班毕业纪念册"命名文件。

# 项 目 小 结

本项目包括多媒体技术基本知识、共享单车主题照片海报设计和制作"一带一路 大道同行"短视频3个任务。通过这3个任务,了解了多媒体技术的基础知识,掌握了图片、视频、音频的常见文件格式及互相转换。掌握了图像处理的基础操作,了解了视频脚本的基本知识,熟悉了蜜蜂剪辑软件的使用流程和操作技能。了解了虚拟现实技术的应用领域和元宇宙的发展趋势。希望同学们以自己的视角记录我们的生活,巧妙构思创作作品,进行艺术表达,利用多媒体技术展示自身的独特魅力。

## 学习成果达成与测评

| 项目名称 | 多媒体技术应用 | | 学 时 | 8 | 学分 | 0.5 |
|---|---|---|---|---|---|---|
| 安全系数 | 1级 | 职业能力 | 多媒体软件基础操作、信息整合能力 | | 框架等级 | 6级 |
| 序 号 | 评价内容 | 评价标准 | | | | 分数 |
| 1 | 手机端功能使用 | 能够快速截取手机的界面 | | | | |
| 2 | 手机端截图录屏功能使用 | 能够灵活录制手机界面的操作流程视频 | | | | |
| 3 | 视频格式的转换 | 利用格式工厂完成视频格式的转换 | | | | |
| 4 | 从视频中提取音频 | 能够利用格式工厂从视频文件中提取音频 | | | | |
| 5 | 图片格式的转换 | 利用格式工厂完成图像格式转换 | | | | |
| 6 | 合并PDF文档 | 能够将单独的若干图片合并为一个PDF文档 | | | | |
| 7 | 查看、调整图像尺寸大小 | 能够在画图软件中查看图像尺寸大小,调整像素值 | | | | |
| 8 | 裁剪图像文件 | 能够对图像进行不同比例大小的裁剪 | | | | |
| 9 | 插入文字元素 | 能够在图片中目标位置添加文字标题并进行艺术化设置 | | | | |
| 10 | 插入形状并编辑 | 能够在图片中插入形状元素并进行缩放、旋转等编辑 | | | | |
| 11 | 调节图片色调 | 能够合理调节图片的亮度、饱和度和色调 | | | | |
| 12 | 视频脚本设计 | 能够根据主题完成流畅、清晰的脚本设计 | | | | |
| 13 | 编辑素材 | 能够合理编辑原始素材,并将素材导入剪辑软件中 | | | | |
| 14 | 转场特效 | 能够在素材之间插入合适的转场特效 | | | | |
| 15 | 文字标题 | 能够在视频剪辑中插入文字标题 | | | | |
| 16 | 添加音乐 | 能够为短视频配置背景音乐和音效 | | | | |
| 17 | 短视频作品输出 | 能够按照要求进行视频格式设置,并导出 | | | | |
| 考核评价 | 项目整体分数(每项评价内容分值为1分) | | | | | |
| | 指导教师评语: | | | | | |
| 备注 | 奖励:<br>(1)按照完成质量给予1~10分奖励,额外加分不超过5分。<br>(2)每超额完成1项任务,额外加3分。<br>(3)巩固提升任务完成为优秀,额外加2分。<br>惩罚:<br>(1)完成任务超过规定时间,扣2分。<br>(2)完成任务有缺项,每项扣2分。<br>(3)任务实施报告中存在歪曲事实、个人杜撰或有抄袭内容,不予评分。 | | | | | |

# 项 目 自 测

## 一、知识自测

1. 语音识别属于下列多媒体技术中的（　　）。
   A. 图像技术　　　B. 音频技术　　　C. 视频技术　　　D. 通信技术
2. TXT 格式属于（　　）格式。
   A. 图像　　　　　B. 纯文本　　　　C. 富文本　　　　D. 视频
3. 以下属于 GIF 格式特征的是（　　）。
   A. 存储 16 位图像的文件格式　　　　B. 不支持图像的透明背景
   C. 采用无失真压缩技术　　　　　　　D. 体积大，成像相对清晰
4. 下列对于 EPS 格式与 Photoshop 的叙述，正确的是（　　）。
   A. EPS 属于矢量图形
   B. 在 Photoshop 中打开 EPS 时，会进行栅格化处理
   C. EPS 格式不支持多种颜色模式，也不支持 Alpha 通道
   D. EPS 格式不支持剪贴路径
5. 下列不属于音频文件格式的是（　　）格式。
   A. WAV　　　　　B. MIDI　　　　　C. MP3　　　　　D. ASF
6. 下列对于 H.264 的叙述，错误的是（　　）。
   A. 在相同的带宽下提供更加优秀的图像质量
   B. H.264 既具有高压缩比又拥有高质量且流畅的图像
   C. 传输过程中的经济效益好
   D. 虽然具有一定优势，但是文件尺寸大，所以不经常被使用
7. 在 Snapseed 的"曲线"命令中，当把最右上角的操作点向下移动时，图像会发生的变化是（　　）。
   A. 变亮　　　　　B. 变暗　　　　　C. 没有任何变化　D. 变化不一定
8. 蜜蜂剪辑软件界面中存放素材的区域是（　　）。
   A. 预览区域　　　B. 时间轴区域　　C. 素材存放区域　D. 操作分区
9. 对于 16∶9 的宽屏，下面描述不正确的是（　　）。
   A. 16∶9 是指屏幕长和宽的比例
   B. 一般应用于 PC 端
   C. 在 16∶9 的视频尺寸下，所有的素材都需要保持 16∶9 的比例特征
   D. 16∶9 是 PPT 页面的常用比例
10. 蜜蜂剪辑软件的工具栏中，可以将一个视频素材片段分为两部分的是（　　）工具。
    A. 编辑　　　　　B. 分割　　　　　C. 裁剪　　　　　D. 缩放

## 二、技能自测

**1. 任务要求**

为了丰富人民群众的精神生活,增强社区活动的凝聚力,幸福社区举行了非遗文化进社区的系列活动,幸福社区王干事需要将活动采集来的照片、视频进行编辑处理,合成短视频,制作社区活动集锦宣传片。

**2. 任务实施**

（1）将所有照片都统一裁剪为 16∶9 的尺寸。

（2）对于照片质量欠佳的图片素材,使用手机端的 Snapseed 工具进行调色处理。

（3）将处理好的素材导入视频剪辑王平台中进行编辑。设置单个素材的播放时长,在素材之间插入合适的转场效果。

（4）选择节奏合适的 MP3 音频文件,作为背景音乐插入到时间轴轨道中。

（5）在视频开始处插入醒目的文字标题"幸福社区,最美家园"。

（6）将文件输出为 H.264 格式的 MP4 文件,命名为"社区活动集锦宣传片"。

# 学习成果实施报告

| 题 目 | | | | | |
|---|---|---|---|---|---|
| 班 级 | | 姓 名 | | 学 号 | |
| 任务实施报告 ||||||

(1) 请对本项目的实施过程进行总结,反思经验与不足。
(2) 请记述学习过程中遇到的重难点以及解决过程。
(3) 请介绍多媒体技术方面探索的创新性方法与技巧。
(4) 请介绍利用多媒体技术参与的社会实践活动,解决的实际问题等。
(5) 请对本项目的任务设计提出意见以及改进建议。
报告字数要求为 800 字左右。

| 考核评价(按 10 分制) ||
|---|---|
| 教师评语: | 态度分数 |
| | 工作量分数 |
| 考 评 规 则 ||

工作量考核标准:
(1) 任务完成及时,准时提交各项作业。
(2) 勇于开展探究性学习,创新解决问题的方法。
(3) 实施报告内容真实,条理清晰,逻辑严谨,表述精准。
(4) 软件操作规范,注意机器保护以及实训室干净整洁。
(5) 积极参与相关的社会实践活动。

奖励:
  本课程特设突出奖励学分,包括课程思政和创新应用突出奖励两部分。每次课程拓展活动记 1 分,计入课程思政突出奖励;每次计算机科技文化节、多媒体制作社区科普宣传等科教融汇活动记 1 分,计入创新应用突出奖励。

# 自主创新项目

不知从何时起,各式各样的表情包融入了我们的日常生活中。一段枯燥无味的话若是不配上表情包,往往就会显得冰冷无情或是有点讽刺挑衅的意味,而一旦有了表情包,则会使人倍感亲切。

请以小组为单位,通过手机或专业相机,分别录制长度 3~5 秒的喜怒哀乐四款面部表情(可自行选择其他表情),在视频编辑软件中分别加入有趣的文案,最后利用格式工厂,将视频转换为 GIF 格式,导入微信表情包中进行聊天应用。

请结合各组组员需求和个人特色,开展探究性学习,自主开发设计项目。内容主要包括项目名称、项目目标、项目分析、知识点、关键技能训练点、任务实施和考核评价等内容,请记录在下表中。

研讨内容可以围绕以下几点。

(1) 录制四款表情视频。

(2) 添加表情包文案。

(3) 将视频格式转换为 GIF 格式。

(4) 微信表情包的导入、添加和发送。

(5) 利用 AI 变脸工具制作卡通版表情包。

(6) 请推荐一款实用的移动端多媒体 App,将该软件的主界面截图、推荐理由、使用感受等进行编辑,发布在朋友圈、抖音或微博等媒体。

(7) 请搜索近 3 年来有关多媒体技术进步革新的新闻报道,筛选出其中一条,从报道主题中归纳和课程内容相关的 3 个知识点,简述你对该技术的未来展望。

| 项目名称 | | 学时 | |
|---|---|---|---|
| 开发人员 | | | |
| 项目目标 | 知识目标: | | |
| | 能力目标: | | |
| | 素质目标: | | |
| 项目分析 | | | |
| 知识图谱 | | | |
| 关键技能训练点 | | | |
| 任务实施 | | | |
| 考核评价 | | | |

# 项目 7　新一代信息技术应用

**项目导读**

党的二十大报告强调要推动战略性新兴产业融合集群发展,构建新一代信息技术、人工智能等一批新的增长引擎。新一代信息技术是指在信息技术领域涌现出的一系列前沿和创新技术,它以人工智能、大数据、云计算、区块链、物联网等为代表,正在深刻地改变着我们的生产和生活方式。

**职业技能目标**

- 了解人工智能、云计算、物联网、大数据等相关概念和关键技术。
- 了解新一代信息技术主要应用场景及发展趋势。
- 了解我国比较有影响力的互联网信息技术相关企业及主要产品能力。
- 掌握常用的新一代信息技术软件及平台使用方法,能用相关技术解决现实问题。
- 掌握 AI 工具、云平台、智能家居软件和大数据分析软件的实践操作能力。
- 具有一定的调查研究能力,能够开展调研撰写调研报告,并能用简洁清晰的语言描述任务实施过程。

**素养目标**

- 培养学生的创新性思维和数字化意识。
- 培养学生的民族自豪感和自信心。
- 培养学生的科技强国及科技向善意识。
- 培养学生严谨细致的工作习惯。

**项目实施**

本项目通过 4 个典型任务及巩固提升任务,详细介绍人工智能、云计算、物联网及大数据技术等新一代信息技术在日常生活和工作中的应用,并阐述其概念、使用方法以及各代表性平台产品的支撑能力等内容。

## 任务 7.1　人工智能技术助力虚拟数字人应用

**学习目标**

知识目标:了解人工智能、机器学习等相关概念及主要应用场景;了解文字识别、语音合成、语音识别、AIGC、大模型、虚拟数字人等相关概念;了解我国比较有影响力的人工智能企业及主要产品能力。

能力目标：会使用常用人工智能软件，用文字识别、语音合成和生成式人工智能解决现实问题；提升对 AI 工具、平台和框架的实践操作能力。

素养目标：培养创新性思维和数字化意识；培养民族自豪感和自信心。

**建议学时**

2 学时

**任务要求**

党的二十大报告中提出要推动绿色发展，促进人与自然和谐共生。必须牢固树立和践行绿水青山就是金山银山的理念，站在人与自然和谐共生的高度谋划发展。生活垃圾分类是保护环境、守护家园的重要举措，也是减污降排、改善居住环境的有力保障和转变生活方式的有效支撑，是社会文明水平的重要体现。

本任务通过乡村垃圾分类宣传，倡导低碳生活新时尚，赋能乡村振兴，打造数字美丽乡村。请用人工智能技术设计数字化视频，在公告栏、网站、居委会大屏生动地宣传垃圾分类知识。

**任务分析**

任务实现包括以下几个方面。

（1）通过文本生成功能，生成宣传文字稿，并制作虚拟数字人播报视频。

（2）通过文生图功能，将文字生成宣传图片。

（3）将纸质宣传海报识别为电子版文字，通过语音合成进行播报。

（4）通过语音识别技术进行垃圾分类指导。

**知识点拨**

AIGC（artificial intelligence generated content，生成式人工智能）是指基于大型预训练模型等人工智能的技术方法，通过已有数据的学习和识别，以适当的泛化能力生成相关内容的技术。AIGC 可以与自然语言处理、计算机视觉、语音识别和语音合成等技术相融合，实现文本到图像、图像到文本、文本到语音、语音到文本等跨媒体内容生成，涵盖内容如图 7-1 所示。

图 7-1 AIGC 涵盖内容

2023年3月腾讯公司发布腾讯智影,这是一款云端智能视频创作工具,集素材收集、视频剪辑、渲染导出和发布于一体的免费在线剪辑平台,提供虚拟数字人、文本配音、智能去水印、文章转视频、自动字幕识别、在线视频剪辑等功能。微信小程序也可同步使用,支持AI配音和视频审阅分享。

讯飞开放平台是科大讯飞推出的以语音交互为核心的人工智能开放平台,整合了语音识别、语音合成、语音唤醒、语义理解、人脸识别等技术成果。用户能够使用任何设备,随时随地享受讯飞开放平台提供的"听、说、读、写"等全方位的人工智能服务。

### 电子活页目录

人工智能基础知识电子活页目录如下:
(1) 人工智能的定义
(2) 人工智能发展的三次浪潮
(3) 人类智能与人工智能
(4) 人工智能与机器学习
(5) 人工智能技术应用

电子活页:人工智能基础知识

### 任务实施

**步骤1** 通过文本生成功能生成宣传文字,制作虚拟数字人播报视频
(1) 打开浏览器,在地址栏输入腾讯智影网址,如图7-2所示。

图7-2 腾讯智影首页

(2) 使用微信扫码或QQ账号登录,关注公众号,绑定手机号;也可直接用手机号登录。
(3) 在腾讯智影首页选择"文章转视频"功能,如图7-3所示。
(4) 输入文章标题,根据需要选择右侧成片类型、视频比例、数字人播报、朗读音色,单击"AI创作"按钮,平台将自动开始创作,如图7-4所示。

项目 7　新一代信息技术应用

图 7-3　文章转视频

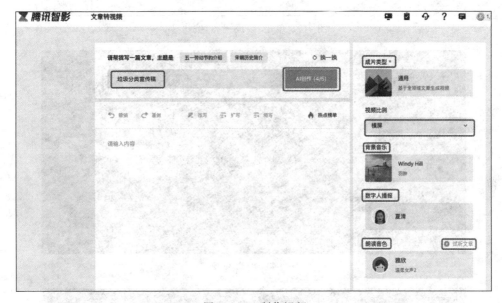

图 7-4　AI 制作视频

**注意**：若首次登录，需要根据网页提示选择免费获取授权，并根据提示步骤进行企鹅号授权，选择主体类型，填写账号信息，上传证件等。完成授权操作再使用。

（5）完成各项设置后，可以对文本进行编辑，检查无误后单击右下角的"生成视频"按钮，如图 7-5 所示。等待"剪辑生成中"进度条完成至 100% 即可。

（6）视频生成后进入剪辑界面，可以更改视频名称，根据主题选择在线素材，更改背景，选择音频、贴纸、字幕等，并能对视频进行变速，更改画面比例等，如图 7-6 所示。

（7）单击右上角的"合成"按钮，设置作品名称、分辨率等属性，如图 7-7 所示。

（8）合成后的视频，可进行视频剪辑、下载、发布等操作，如图 7-8 所示。

195

图 7-5　单击"生成视频"按钮

图 7-6　剪辑视频

图 7-7　合成视频

项目 7 新一代信息技术应用

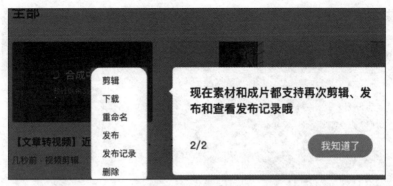

图 7-8　合成视频后操作

**步骤 2**　通过文生图功能,将文字生成宣传图片

(1) 返回腾讯智影首页,选择"AI 绘画"功能,如图 7-9 所示。

图 7-9　AI 绘画

(2) 通过文字输入画面描述,如图 7-10 所示,还可选择画面比例、生成数量、画面预设、负向描述等,选择完成后单击生成图像。可以对生成的图片可进行编辑和下载,如图 7-11 所示。

图 7-10　画面文字描述

197

图 7-11 修改选项生成绘画

**步骤 3** 将纸质宣传海报识别为电子版文字,通过语音合成进行播报

(1) 打开讯飞开放平台,用微信扫码或者手机号快捷登录。若使用账号登录,需要先注册再登录,如图 7-12 所示。

图 7-12 登录讯飞开放平台

(2) 在"产品能力"菜单栏中选择"文字识别"选项卡下的"印刷文字识别",如图 7-13 所示。

(3) 在"产品体验"下方单击"上传本地图片"按钮,如图 7-14 所示。将素材"垃圾分类主题"图片上传。

---

**知识点拨**

如何用手机自带功能进行图片文字提取呢?打开手机相册,找到需要提取文字的图片,然后单击"更多"按钮,单击"识别文字"功能。等待片刻就能看到识别出来的文字内容了,这时单击"复制"或"发送"按钮,就能将文字导出。

手机自带的图片文字提取功能操作简单,但是它不是专业的转换工具,识别提取出来的文字有时会出现错别字,所以提取文字后需要认真检查核对。

## 项目 7　新一代信息技术应用

图 7-13　印刷文字识别

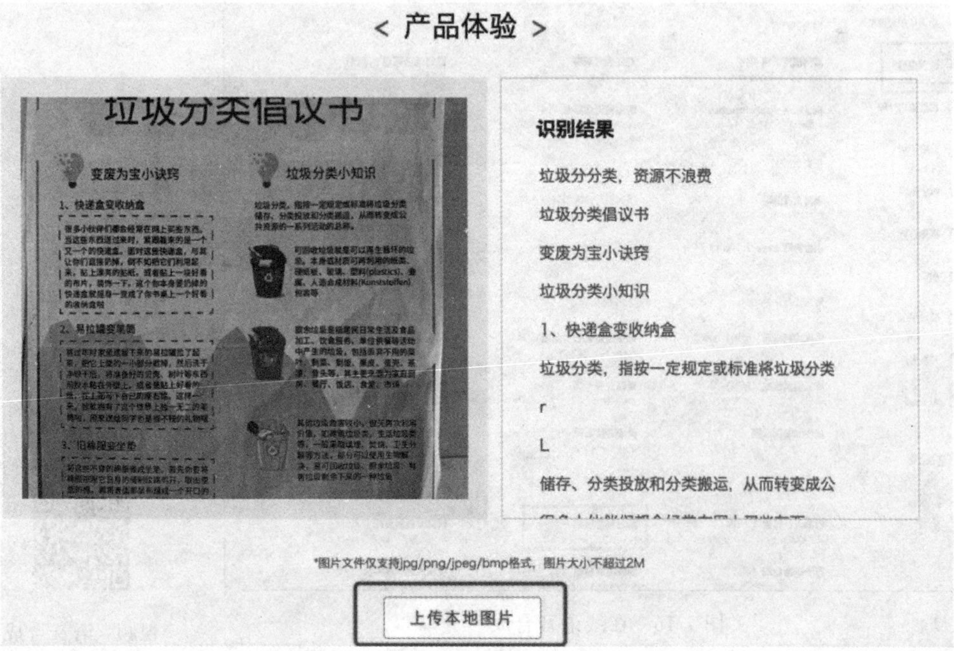

图 7-14　对上传的本地图片进行文字识别

（4）本地图片上传后，开始识别，滑动滑块拼合图片，验证成功，即可出现右侧的识别结果，如图7-15所示。

图7-15　文字识别结果

视频：AI文字识别

（5）复制文本，打开"产品能力"菜单栏中的"智能语音"→"语音合成"→"实时语音合成"功能，如图7-16所示。

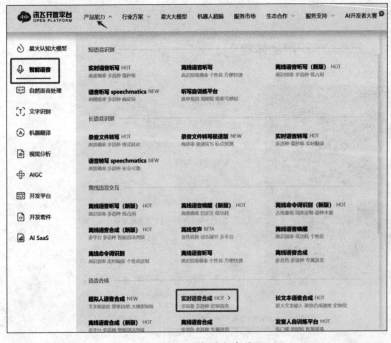

图7-16　在线语音合成

视频：语音合成

（6）在"产品体验"右侧粘贴文字，可适当手动调整格式，选择发音人、音色、场景，调整语速、音量和音高，单击"立即合成"按钮，滑动滑块拼合图像验证，如图7-17所示。

项目 7　新一代信息技术应用

图 7-17　立即合成语音

**步骤 4**　通过手机端小程序进行垃圾分类指导

（1）打开手机微信，扫描以下二维码，打开讯飞智能垃圾分类小程序，如图 7-18 所示。

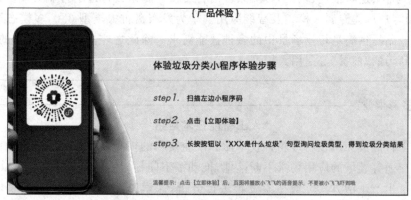

图 7-18　讯飞智能垃圾分类小程序

（2）单击"立即体验"按钮，按住屏幕录音，开始提问，如"玻璃是什么垃圾"，录完松开，小程序语音识别后返回垃圾分类建议，如图 7-19 所示。

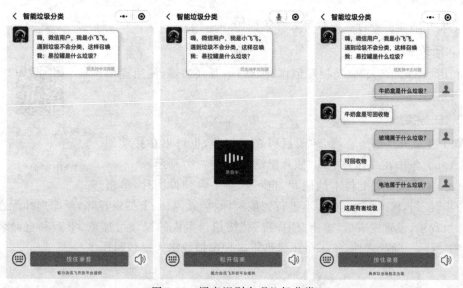

图 7-19　语音识别实现垃圾分类

201

— 多读善思 —

### 人工智能大模型

以 ChatGPT 为代表的认知大模型正在掀起一场新的技术革命。人工智能大模型是指由数百万个参数组成的深度神经网络模型,通过大量的数据训练而成,能够实现自然语言处理、图像识别、语音识别等多种人工智能任务。大模型不仅能提高人工智能的识别和预测能力,还可以帮助智能语音助手更好地理解人类语言和意图,提高智能化程度,更贴合人类需求。

以 BATH(百度、阿里、腾讯、华为)为首的互联网大厂专注于推出各自的 AI 大模型。百度上线"文心一言",是一种知识增强的大语言模型,基于飞桨深度学习平台和文心知识增强大模型。阿里云推出超大规模的语言模型"通义千问",能够多轮对话、文案创作、逻辑推理、多模态理解、多语言支持。腾讯云打造了行业大模型精选商店,帮助客户构建专属大模型及智能应用。华为发布盘古大模型3.0,多模态千亿级大模型产品提供满足行业场景中的多种技能需求。除此之外,还有科大讯飞的"讯飞星火"、商汤的"商量"等通用大模型。

— 多彩课堂 —

### 人工智能技术应用

人工智能成为引领新一轮科技革命和产业变革的核心技术,在制造、金融、教育、医疗和交通等领域的应用场景不断落地,推动了不同领域的创新和智能化发展,极大地改变了生产生活方式。请搜索资料进行分析,探索 AI 技术在所属行业领域的新应用和发展趋势。

## 巩固提升

下面介绍如何进行虚拟数字人视频创作。

**1. 任务要求**

利用 AIGC"真人"营销视频创作神器——万兴播爆,使用虚拟数字人定制视频。

**2. 任务实施**

(1) 登录万兴播爆官网,注册后可在线体验,也可以在移动端下载 App。单击在线体验中的"照片说话",如图 7-20 所示。

视频:2023 世界人工智能大会:当大模型遇上"中国风"

(2) 在界面中可上传本地图片,也可选择平台预设图片,单击"下一步"按钮,输入脚本,对脚本进行智能翻译、插入停顿、上传录音等,还能选择配音、字幕、背景音乐,设置完成后,单击"创作视频"按钮。生成的视频可预览、下载和重命名,如图 7-21 所示。除此之外,该平台还提供了多种虚拟数字人视频制作体验。

项目7 新一代信息技术应用

图 7-20 让照片说话

图 7-21 完成视频制作

203

> **知识点拨**
>
> 虚拟数字人是通过计算机图形学技术创造出与人类形象接近的数字化形象,并赋予其特定的人物身份和虚拟身份。其特点主要有以下几种。
>
> (1) 外貌特征。虚拟数字人通常拥有与人类相似的外貌,这是通过高定制化的3D建模技术实现的,使得他们具有逼真的外表。
>
> (2) 表演能力。虚拟数字人可以通过全功能惯性动捕设备(包括手部、脚部、腰部、头部等设备)实现各种动作和表演,使其动作更加自然和真实。
>
> (3) 交互能力。虚拟数字人可以通过 UElive 虚拟直播软件等实现实时渲染和解算,从而与用户进行互动。此外,他们还可以通过深度学习和人工智能技术来模仿和学习人类的交流方式,使其具有与人类类似的交流能力。
>
> 虚拟数字人是结合了3D建模技术、动作捕捉技术和人工智能技术等多种技术手段创造出来的智能化虚拟角色,他们在各个领域都有广泛的应用前景。

## 任务 7.2　云计算实现数字化转型

### 学习目标

**知识目标**:了解云计算基本概念及特点,了解分布式计算的原理和技术架构,能区分私有云、公有云,了解云计算三种服务类型 SaaS、PaaS、IaaS,了解阿里云及无影云计算机典型应用场景。

**能力目标**:能够访问阿里云试用模块,会开通无影云计算机,准备环境和资源,登录配置使用;能够在云计算机进行常规操作,通过云计算机解决现实问题。

**素养目标**:激发学习热情、求知欲望和创新精神;将科技服务社会的观念融入课堂,提高对国产科技研发水平的信心。

### 建议学时

2学时

### 任务要求

某教育机构在全国各地拥有近百个校区,每个校区有计算机几十台到一百多台不等。大量的教学点和分散的大规模计算机数量,给IT运维带来巨大挑战。

(1) 传统计算机无法避免各种弹窗广告,影响教学。

(2) 每个班级台式计算机数量是固定的,但实际开班时人数经常变化,有时并未完全坐满,导致部分计算机闲置。

(3) 遇到特殊情况,线下课程基本停止,计算机无法发挥价值,IT设备闲置造成浪费。

(4) 现有计算机陈旧且速度慢,更换需要大量资金投入。

该教育机构急需解决方案助力解决线下课程PC部署和运维难的痛点,使其在IT设备上的投资资金利用率更高。

**任务分析**

无影云计算机是阿里云自主研发的一种易用、安全、高效的云上桌面服务,支持快速便捷的桌面环境创建、部署、统一管控与运维,能够快速构建安全、高性能、低成本的桌面办公体系,上课时按需自动基于定制的教学镜像创建全新桌面,每堂课都是"全新计算机",无弹窗广告干扰,实现优质教学体验。按需使用后付费,无须一次性投入大量资金购买设备,当软件损坏或者学习环境统一更新时,也能迅速通过镜像恢复或更新,极大节约了运维成本。

无影云计算机可免费体验 3 个月,通过体验无影云计算机的功能,实现云计算机的开通和配置,具体要求如下:

(1) 个人实名认证阿里云。
(2) 免费试用无影云计算机。
(3) 云计算机的界面配置。
(4) 选择一种或多种方式登录云计算机(Web 端、计算机端、手机端等)。
(5) 任选本课程中的某个项目在云计算机进行体验。

视频:任务 7.2
无影云计算机
操作视频

**电子活页目录**

云计算基础知识电子活页目录如下:
(1) 云计算的概念及特点
(2) 云计算的服务类型
(3) 云计算的部署模型
(4) 云计算的典型应用

电子活页:云计算
基础知识

**任务实施**

**步骤 1　登录阿里云官方网站**

(1) 打开浏览器,在地址栏输入网址,打开阿里云首页,如图 7-22 所示。

图 7-22　阿里云首页

(2) 单击右上角的"登录/注册"按钮,如果已经有账号,直接扫码并用邮箱账号或手机号登录;如果没有账号,单击"注册"按钮,输入用户名、密码、手机号、验证码等信息进行注册。

**步骤 2** 个人实名认证

(1) 如果之前未进行实名认证,需单击"快速实名认证"按钮,如图 7-23 所示。

图 7-23　实名认证

(2) 选择"个人认证",如图 7-24 所示,可选择个人支付宝授权或个人扫脸两种方式。

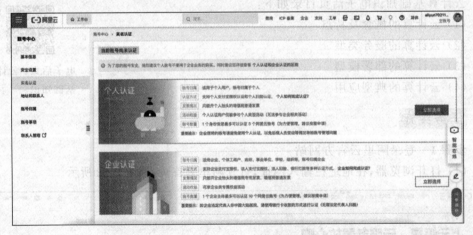

图 7-24　个人实名认证

**步骤 3** 试用体验

(1) 登录成功后,单击"权益中心"→"免费试用"选项,如图 7-25 所示。

(2) 选择计算模块下的"无影云电脑(专业版)"。

**步骤 4** 配置开通,立即试用

(1) 勾选"无影云电脑(专业版)"后,单击"立即试用"按钮,如图 7-26 所示。

(2) 进入配置界面。配置信息说明及注意事项如下。

① 云计算机部署地区:选择并购买后,后台暂不支持更换地域,因此这一项需仔细确认。

项目 7　新一代信息技术应用

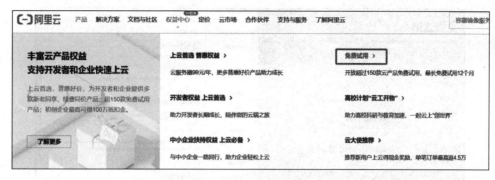

图 7-25　选择免费试用

图 7-26　立即试用

② 云计算机规格：根据需要选择对应的规格，如试用的时长包云计算机规格为"办公型云计算机－4 核 8GB 内存"。

③ 分配用户：一个邮箱即为一个用户，仅支持填写一个邮箱，输入邮箱地址后，按 Enter 键确认即可。后续无影云计算机使用说明以及工作区 ID、账号和初始密码会发送到该邮箱。

④ 试用数量及时长：个人用户默认用 1 台，时长为 10 分钟左右。

（3）配置完成后，确认配置费用为 0 元后，先同意服务协议后，单击"立即试用"按钮即可完成，如图 7-27 所示。

（4）云计算机登录方式。购买完成后预计 5～15 分钟，在分配用户时填写的邮箱将收到名为"无影云计算机使用说明"的邮件，如图 7-28 所示，可依据邮件内容登录使用无影云计算机。可以选择一种或多种方式登录云计算机（Web 端、计算机端、手机端等），一个账号同时只能登录一个客户端。我们直接使用 Web 网页在线登录。

（5）首次使用前修改初始密码，然后单击"确认提交"按钮，即可连接上无影云计算机。

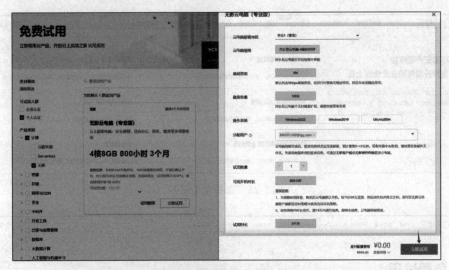

图 7-27 配置与试用

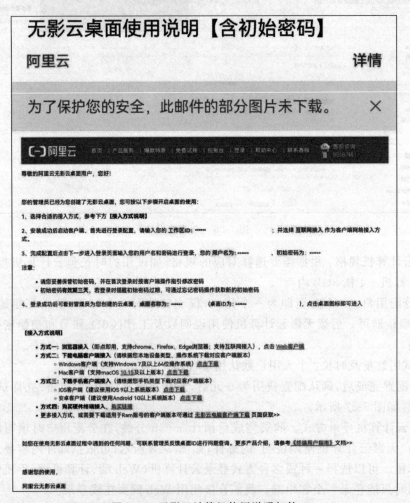

图 7-28 无影云计算机使用说明邮件

## 项目 7 新一代信息技术应用

**步骤 5** 登录云计算机

（1）在浏览器地址栏输入无影云网址，或直接单击邮件中的 Web 客户端进行登录。

（2）输入试用用户名及密码，如图 7-29 所示。

图 7-29 用户名密码登录

（3）出现桌面名称，单击"连接桌面"按钮，如图 7-30 所示。

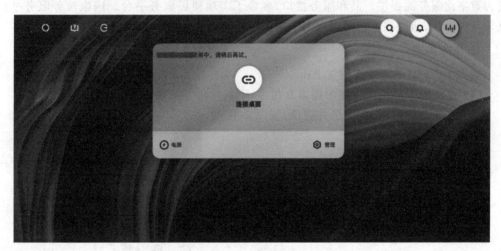

图 7-30 连接桌面

（4）成功进入到云计算机，如图 7-31 所示。截至 2024 年 4 月，无影云计算机可试用体验时长为 800 小时（以是否开机计算），有效期为 3 个月，到期或使用时长用尽后实例将被释放，因此应提前备份好云计算机内数据。

**步骤 6** 使用云计算机

在云计算机中尝试制作"任务 3.1 设计主题征文启事"。

### 巩固提升

下面说明如何使用政务云——国家政务服务平台。

**1. 任务要求**

随着数字化时代的到来，政府服务逐步实现了在线化、智能化。国家政务服务平台作

图 7-31　进入云计算机

为我国推行"互联网＋政务服务"战略的重要举措,将各级政府机构的服务事项汇聚起来,为群众提供更加高效便捷的线上服务。支付宝作为全球领先的独立第三方支付平台,负责为数字化服务商提供产品和服务接口,融合了多项便民服务平台。国家政务服务平台就是其中之一,通过该平台可以查询个人医保信息及职业技能等级证书。

**2. 任务实施**

**步骤 1**　下载并登录支付宝 App

（1）在智能手机应用市场中搜索支付宝,下载软件并安装,如图 7-32 所示。

（2）打开支付宝 App,注册并登录,如图 7-33 所示。

图 7-32　安装支付宝　　　　　　　　图 7-33　登录支付宝

**步骤2** 查询医保明细

(1) 支付宝搜索"国家政务服务平台"。

(2) 单击平台界面中的"医保电子凭证",如图7-34所示。

(3) 打开电子凭证二维码下方的"缴存明细",即可查询缴费明细及交易明细。除此之外,还可查询医保余额、使用记录、参保状态等信息,如图7-35所示。

图7-34 国家政务服务平台

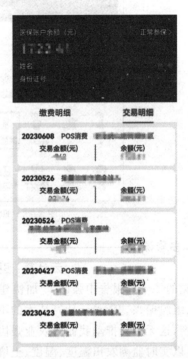

图7-35 查询医保信息

**步骤3** 查询职业技能等级证书

(1) 在国家政务服务平台中打开职业技能等级证书查询、核验。

(2) 输入姓名、身份证号、证书编号即可查询,如图7-36所示。

---

**多读善思**

**中国云计算政策发展**

(1) "十二五"期间,发布《中国云科技发展"十二五"专项规划》,将云计算软件相关技术作为"十二五"期间的重点发展任务。

(2) "十三五"期间,发布《"十三五"国家科技创新计划》,提出大力发展云计算技术及应用,支撑云计算成为新一代ICT基础设施,推动云计算软件发展。

(3) "十四五"期间,发布《"十四五"规划和2035年远景目标纲要》,数字中国建设被提到新高度。云计算是重点产业之一,云计算软件也将迎来新发展。

请大家结合相关政策,深入思考云计算会对我们未来的职业有哪些影响,并思考为适应技术日新月异的变化,我们需要培养哪些技能。

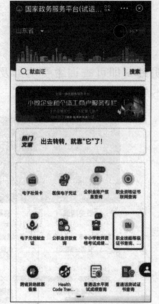

图 7-36　职业技能等级证书查询

---

**多彩课堂**

### 云计算：引领智慧农业新时代

党的二十大报告中强调："加快建设农业强国，扎实推动乡村产业、人才、文化、生态、组织振兴。"随着云计算技术的不断进步，我们已经实现了农业的数字化和智能化生产，这无疑为推动我们的农业强国建设注入了新的活力和动力。通过各种传感器，可以实时监测农田温度、湿度、土壤肥力等参数，并将这些数据上传到云端。通过数据分析，可以精准地了解农田的生长环境，作出最合适的农业决策。云计算的普及也使得农业生产的自动化和智能化成为现实。我们可以通过云端控制农业机械设备，实现自动化播种、施肥、灌溉、收割等，大大提高了农业生产效率，减少了人力成本。除此之外，云计算可以帮助我们实现农产品的全程追溯，从种子到餐桌，每一个环节都可以进行监控和管理，保障食品安全。

请同学们搜索相关材料，思考：云计算在智慧农业中的应用有哪些挑战和限制；如何理解"从种子到餐桌"的全程追溯；这对于食品安全有何重要性；除了农业，你还能想到哪些领域可以应用云计算，并且会带来哪些影响。

---

## 任务 7.3　物联网引领智慧家居新方式

**学习目标**

知识目标：了解物联网基本概念、特点及基本架构，能够列出物联网的典型应用。全面认识物联网感知层、网络层和应用层的关键技术。

能力目标：能够进行物联网系统应用，如通过物联网技术实现智慧家居中的典型应用场景；能够安装、配置一个完整的物联网应用系统，初步掌握综合应用物联网各层技术的技能。

素养目标：培养技术素养和信息素养，提升隐私安全保护意识，激发学习热情和创新创业精神。

**建议学时**

2学时

**任务要求**

物联网技术是智慧家居中的核心技术。物联网技术结合智能设备、传感器等，能够实现家居自动化和智能化，并且通过智能调节实现节约能耗的目的。例如，我们可以通过智能照明系统，实现智能灯泡的远程控制和自动调节；通过智能环境监测系统，实现家庭环境的实时监测和预警；通过智能安防系统，实现场地的实时监控和报警；通过智慧家电系统，实现家电智能调节。要求能通过App实现智能家电情景控制。

**任务分析**

物联网在智慧家居中的应用可以实现万物互联，使得家居设备能够智能化地进行控制和管理。智能家居技术是通过物联网、人工智能和自动化等技术手段，将家居设备和系统连接在一起，实现更智能、更高效、更便捷的居家体验。智能家居技术的基础是设备互联和通信技术。通过将家中的各种设备，如灯具、空调、智能插座、智能门锁、摄像头等连接到互联网，实现它们之间的通信和远程控制。这些设备通常采用无线通信技术，如Wi-Fi、蓝牙、ZigBee、Z-Wave等，使得我们可以通过智能手机或其他智能终端来远程控制家中设备，实现智能化的家居管理，如图7-37所示。

图7-37　智能家居系统

**电子活页目录**

物联网基础知识电子活页目录如下：
(1) 物联网的概念及特点
(2) 物联网的技术架构
(3) 物联网的典型应用

电子活页：物联网基础知识

### 任务实施

使用智能家居系统实现家中各种设备(如灯光、空调、电视、音箱等)的远程控制、智能调节和减少能耗,具体操作步骤如下。

**步骤 1　下载 App**

在手机应用市场下载相应的智能家居 App,并按照产品说明书进行安装和设置。

**步骤 2　连接网络**

在 App 中,单击"＋"按钮,选择"网络设置",进入网络设置页面。在页面中需要输入 Wi-Fi 账号和密码,然后单击"连接"按钮,等待连接成功。

**步骤 3　连接配置**

按照提示,扫描智能家电上的二维码,进行连接和配置。在连接和配置过程中,需要输入相应的参数和指令,以便实现手机对智能家电的控制。

**步骤 4　远程控制**

在手机上打开智能家居 App 后,可以看到智能设备的控制界面,在控制界面中设置相关参数,如设置灯光在特定时间自动开启或关闭。如果不在家,也可以通过智能家居系统远程控制家中的设备。例如,忘记关灯,可以在手机应用程序中远程关闭。

**步骤 5　使用语音控制**

大部分智能家电都支持语音控制,也有全屋的智能语音交互系统。例如,可以对小爱同学说"小爱同学,打开电视"或"把空调温度调低一点"。

**步骤 6　定时开关**

在智能家居 App 中可以设置定时开关的时间和日期,以便更好地控制能耗和用电,如图 7-38 所示。

图 7-38　智能家居 App 部分界面

需要注意的是,不同品牌和型号的智能家电的连接和操作方式可能有所不同。在实际操作过程中,要根据具体情况进行相应的调整和改进。同时,为了保障连接和通信的安全性和稳定性,要注意网络安全和数据保护的问题。

物联网技术在智慧家居中的应用使得我们的生活更加便捷、高效和智能化,可以实时监测和优化家庭中的能耗情况,还可以提高家庭安全防范能力。但是,物联网技术在智慧家居中的应用也存在一些缺点,如隐私保护、网络安全等问题。因此,在应用物联网技术时需要特别注意信息安全和隐私保护。

### 巩固提升

下面介绍共享单车使用。

**1. 任务要求**

城市公共交通出行中的"最后一公里"一直是困扰老百姓的痛点,共享单车对于公共交通是一个很好的解决方案。作为一种全新的共享经济模式,共享单车在平原地区几乎是随处可见,成为备受欢迎的低碳环保绿色出行方式。共享单车通过嵌入式芯片、GPS 定位装置、GPRS 数据传输模块、智能锁和用户 App 等物联网技术实现车辆控制、车辆位置定位、接收/发送用户指令等功能。用户可以通过 App 租借共享单车,享受便捷、高效的出行体验。

本任务要求通过手机 App 访问云服务器的数据,查看周边的单车停放位置信息,并实现远程开锁,同时将使用状态传送至云服务器。使用完成后,关锁并将信息同步云服务器,云服务器结束计费,发送计费信息和车已锁好的信息给用户 App。

**2. 任务实施**

**步骤 1** 搜索共享单车

打开支付宝 App,注册登录后,在搜索框中搜索"共享单车",如图 7-39 所示。

图 7-39　支付宝 App 搜索"共享单车"

**步骤 2** 查找共享单车

打开共享单车小程序,通过找车功能,查找附近共享单车,如图 7-40 所示。

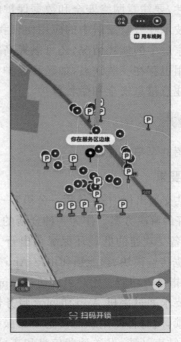

图 7-40 查找附近共享单车

**步骤 3** 扫码开锁

扫描单车上的二维码,即可解锁用车。

**步骤 4** 归还车辆

到达指定归还停放位置后,将车锁下滑锁车,单击"立即还车"按钮,结束用车。然后进入支付页面,确认支付。

---

**多彩课堂**

**新能源汽车与物联网:探索智慧出行之路**

"车能路云"的中国特色方案将"车路云"的发展与能源结构的转型相结合,将原来的汽车、交通、通信融合成汽车、能源、交通和通信四位一体,进一步构建基于能源系统升级的高度智能化、高度网联化、高度信息化的生态。在向高质量发展进发的过程中,新能源智能网联汽车正在成为新一轮经济增长的重要驱动力量。然而,新能源汽车的广泛应用仍面临充电基础设施有限和续航里程焦虑等挑战。将物联网技术集成到新能源汽车生态系统中,可以增强充电基础设施、优化充电流程,并提供实时信息以缓解里程焦虑,从而推动交通系统向更清洁、更绿色转型。请查阅相关文献,关注我国新能源汽车相关政策,思考物联网技术是如何助力新能源汽车发展,畅想未来物联网还会有哪些发展趋势。

## 任务7.4 大数据技术助力问卷调查分析

### 学习目标

知识目标：了解大数据技术的概念、核心特征和应用场景；熟悉大数据处理的基本流程；了解大数据的应用场景和发展趋势,安全问题以及安全防护的基本方法。

能力目标：能够使用问卷星等工具进行数据的采集和分析。熟悉典型的大数据可视化工具及其使用方法；掌握大数据工具与传统数据库工具在应用场景上的区别,初步具备搭建简单大数据环境的能力。

素养目标：提升数据安全防护意识和网络道德。

### 建议学时

2学时

### 任务要求

随着职业教育数字化转型,线上线下混合教学已成为教学常态。某校软件工程专业老师想了解学生混合式学习的效果,基于数据统计结果进行学情分析。本任务要求为其设计合适的调查问卷,使其能方便快捷地填写、查看及结果分析。

### 任务分析

开展一项调查问卷活动,关键是提供一种方便调查对象填写和提交问卷的方式,同时也方便调查者随时查看问卷动态和结果。随着信息技术的发展,电子问卷调查越来越普及,成为信息采集和分析的重要工具,同时,电子问卷调查可以对数据的收集进行条件限制,更有助于数据统计与分析。本任务选择使用问卷星开展调查,收集数据及分析。

具体要求如下：
（1）问卷的题目数量限制在6项以内。
（2）问卷的题目设置要有针对性,匿名开展,了解同学们的真实学习现状。
（3）利用问卷开展调查,收集调查数据,并分析调查结果。

### 电子活页目录

大数据技术电子活页目录如下：
（1）大数据的定义和特征
（2）大数据关键技术
（3）大数据与云计算、物联网
（4）大数据的典型应用
（5）大数据案例分析

电子活页：
大数据技术

**任务实施**

**步骤1** 打开问卷星首页

在浏览器输入问卷星的网址,打开问卷星首页,如图7-41所示。

图7-41 问卷星首页

**步骤2** 注册新用户

单击首页右上角的"免费注册"按钮,输入手机号,设置密码,单击"创建用户"按钮完成注册,如图7-42所示。个人使用建议选择"个人用户"进行注册。如果有问卷星个人或企业账号,跳过此步骤,进入下一步。

**步骤3** 登录问卷星

进入首页,单击"登录"按钮,进入登录页面。可以选择账号登录或验证码登录,若选择账号登录,如图7-43所示,输入手机号(用户名)和密码,单击"登录"按钮,即可登录问卷星。

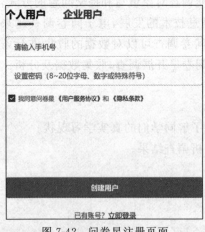

图7-42 问卷星注册页面

图7-43 登录问卷星

**步骤4** 创建问卷

登录问卷星后,单击左上角的"创建问卷"按钮,创建新问卷,进入图7-44所示页面。

选择想要创建的问卷类型,这里选择"调查",即本任务的问卷属于调查问卷类型,单击"创建"按钮,如图7-45所示。

项目 7　新一代信息技术应用

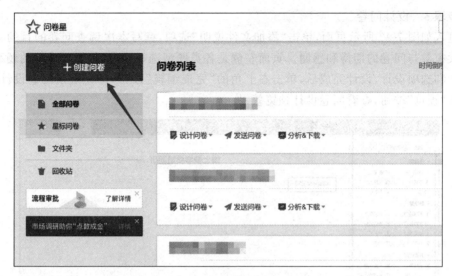

图 7-44　创建问卷界面

图 7-45　选择问卷类型界面

进入创建调查问卷页面，如图 7-46 所示。输入问卷标题，单击"立即创建"按钮。

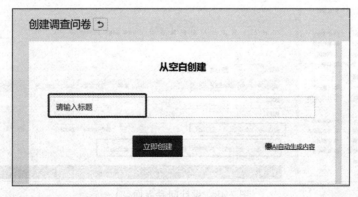

图 7-46　输入标题界面

219

**步骤 5** 设计问卷

进入如图 7-47 所示页面,单击"添加文件说明"选项,撰写本次调查问卷的目的、意义和对大家参与问卷的期待和感谢。页面左侧是各类题型选择项,选择想要设计的题型,进行题干和选项设计,设计完成后,单击右上角的"完成编辑"按钮,即完成了问卷设计。也可单击"预览"按钮,查看问卷设计预览效果。

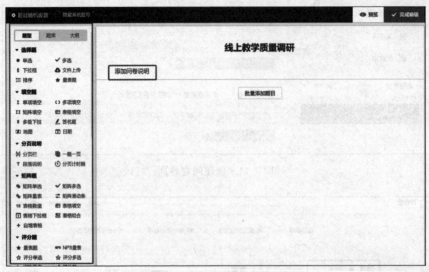

图 7-47 设计问卷界面(1)

调查问卷的题目设置界面如图 7-48 所示,此界面设置的是单项选择题,其他类型题目类似。首先填写问卷题目标题,然后填写选项,根据需求,选项可以增加多个。还可以根据需求进行逻辑设置,用得较多的是"题目关联"。题目关联是指后面的题目关联到前面题目的指定选项,只有选择前面题目的指定选项,后面的题目才会出现。通过关联逻辑可以设置在问卷打开时不显示某些题目,只有在选中关联的选项后才会显示。其他逻辑设置可以单击相应按钮查看演示实例。

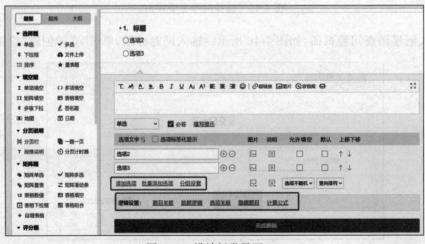

图 7-48 设计问卷界面(2)

**步骤 6** 发布问卷

单击"发布此问卷"按钮,发布问卷。问卷发布页面如图 7-49 所示,可以选择复制链接、制作海报、微信发送等方式转发问卷,方便用户参与问卷填写。

图 7-49 发送问卷链接界面

**步骤 7** 在线分析问卷

回到创建问卷页面,单击"分析 & 下载"下拉框,选择"统计 & 分析"选项,进入分析界面,如图 7-50 所示。

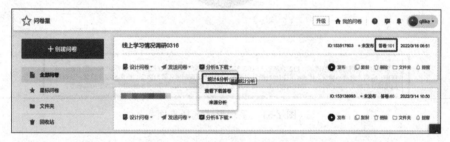

图 7-50 "统计 & 分析"选择页面

分析结果的呈现形式多样,默认是表格形式,也可选择饼状图、圆环图、柱状图、条形图、折线图等呈现形式,如图 7-51 所示。

页面右侧有五个快捷按钮,可以通过"分享"按钮分享问卷结果。单击"报告"按钮,下载分析报告。单击"洞察"按钮,可以对每个选项结果进行分析,在图 7-51 页面底端会显示"分析结论"。单击"设置"按钮,可以进行显示设置。

单击右上角的"数据大屏"按钮,进入所有选项的数据大屏显示界面。通过页面右侧的按钮进行主题切换,手机端和计算机端切换,以及下载和分享大屏结果等。

---

**多彩课堂**

### 学习方式变革研讨

人工智能+时代,知识增长,更新速度远超从前,我们的教育模式和学习模式已经悄然发生改变。有数据显示,在"互联网+"时代,全世界每年出版大约两百万本新书,平均每 0.06 秒就有一本新书诞生,这种速度导致学生要学的东西越来越多。而学习的智能化、个性化因其能够适应互联网时代经济社会发展的快节奏,越来越成为未来学习的发展趋势。请同学们畅想未来的学习模式是什么样的。

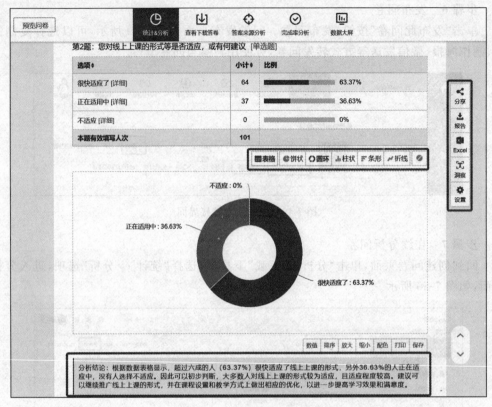

图 7-51 呈现形式选择界面

## 学习成果达成与测评

| 项目名称 | 新一代信息技术应用 | | 学 时 | 8 | 学分 | 0.5 |
|---|---|---|---|---|---|---|
| 安全系数 | 1级 | 职业能力 | 新一代信息技术 | | 框架等级 | 6级 |
| 序 号 | 评价内容 | 评价标准 | | | | 分数 |
| 1 | 人工智能的概念 | 能够了解人工智能的基本概念 | | | | |
| 2 | 常用的人工智能应用 | 能够了解常用的人工智能应用,如文字识别、语音合成、语音识别 | | | | |
| 3 | 人工智能开放平台 | 能够列举常用的人工智能开放平台 | | | | |
| 4 | 大模型、AIGC的概念 | 能够了解大模型、AIGC 相关概念及应用场景 | | | | |
| 5 | 文本生成 | 会用相关软件实现在线生成文本 | | | | |
| 6 | 文生图 | 会用相关软件实现在线文生图 | | | | |
| 7 | 虚拟数字人视频制作 | 会用相关软件实现虚拟数字人视频制作 | | | | |

续表

| 序 号 | 评价内容 | 评价标准 | 分数 |
|---|---|---|---|
| 8 | 云计算的概念及特征 | 能够了解云计算的概念及特征 | |
| 9 | 云计算的服务模型 | 能够了解云计算的三种服务模型,能区分 SaaS、PaaS、IaaS | |
| 10 | 云计算的部署模式 | 能够了解云计算的部署模式,区分公有云、私有云及混合云 | |
| 11 | 无影云计算机试用 | 能够在阿里平台试用无影云计算机 | |
| 12 | 国家政务服务平台试用 | 能够在支付宝试用国家政务服务平台实现医保、职业技能等级证书查询 | |
| 13 | 物联网的概念 | 能够了解物联网的概念 | |
| 14 | 物联网的三层架构 | 能够了解物联网的三层架构:感知层、网络层、应用层 | |
| 15 | 物联网的应用场景 | 能够列举物联网的应用场景 | |
| 16 | 共享单车使用 | 会通过扫码实现共享单车使用 | |
| 17 | 大数据技术的概念 | 能够描述大数据技术的概念 | |
| 18 | 大数据的关键技术 | 能够分析大数据技术的核心技术 | |
| 19 | 大数据技术的典型应用 | 能够理解大数据技术的典型应用场景 | |
| 20 | 调查问卷 | 能够运用一款调查工具进行问卷调查及结果分析 | |
| | 项目整体分数(每项评价内容分值为 1 分) | | |

| 考核评价 | 指导教师评语: |
|---|---|

| 备注 | 奖励:<br>(1) 按照完成质量给予 1~10 分奖励,额外加分不超过 5 分。<br>(2) 每超额完成 1 项任务,额外加 3 分。<br>(3) 巩固提升任务完成为优秀,额外加 2 分。<br>惩罚:<br>(1) 完成任务超过规定时间,扣 2 分。<br>(2) 完成任务有缺项,每项扣 2 分。<br>(3) 任务实施报告遵循实事求是的原则,如果存在歪曲事实、个人杜撰或有抄袭内容,不予评分。 |
|---|---|

# 项 目 自 测

## 一、知识自测

1. 在智能客服场景中，要将客服通话录音转化为文本，对可能出现的违规用语、危险用语等进行及时的干预处理，避免造成公司损失。可以使用的人工智能技术是（　　）。
   A. 语音识别　　　　B. 语音合成　　　　C. 文本识别　　　　D. 计算机视觉
2. 图 7-52 中展示的人工智能技术可能是（　　）。

图 7-52　识别名片

   A. 语音识别　　　　B. 语音合成　　　　C. 文本识别　　　　D. 专家系统
3. 文心一格是一款 AI 艺术和创意辅助平台，是百度依托飞桨、文心大模型的技术创新推出的"AI 作画"首款产品，可轻松驾驭多种风格，人人皆可"一语成画"，该产品用到的相关概念是（　　）。
   A. AIGC　　　　　 B. UGC　　　　　 C. PGC　　　　　　D. CV
4. 云计算是一种按使用量付费的模式，这种模式提供可用的、便捷的、按需的网络访问，进入可配置的（　　）。
   A. 用户端共享资源　　　　　　　　　B. 工作群组
   C. 计算资源共享池　　　　　　　　　D. 服务提供商共享资源
5. 下列不属于云计算部署模型的是（　　）。
   A. 公有云　　　　B. 私有云　　　　C. 模糊云　　　　D. 混合云
6. 在云计算中，以下服务模式可以把基础设施层作为服务出租给用户的是（　　）。
   A. 基础设施即服务　　　　　　　　　B. 平台即服务
   C. 软件即服务　　　　　　　　　　　D. 云存储服务
7. 物联网的英文简称是（　　）。
   A. USB　　　　　 B. Cloud　　　　　C. RFID　　　　　 D. IoT
8. 以下正确的表述是（　　）。
   A. 物联网技术可以不需要互联网支持
   B. 物联网设备不需要连接互联网即可通信
   C. 物联网设备需要借助互联网进行通信
   D. 物联网设备之间不可以直接通信

9. 三层结构类型的物联网不包括（　　）。
   A. 感知层　　　　B. 网络层　　　　C. 会话层　　　　D. 应用层
10. 以下关于云计算、大数据和物联网之间的关系，论述错误的是（　　）。
   A. 云计算、大数据和物联网三者紧密相关，相辅相成
   B. 云计算侧重于数据分析
   C. 物联网可以借助于大数据实现海量数据的分析
   D. 物联网可以借助于云计算实现海量数据的存储
11. 以下不是大数据时代新兴技术的是（　　）。
   A. MySQL　　　　B. Spark　　　　C. HBase　　　　D. Hadoop
12. 大数据发展的三个阶段不包括（　　）。
   A. 成熟期　　　　　　　　　　　B. 低谷期
   C. 萌芽期　　　　　　　　　　　D. 大规模应用期
13. 以下关于大数据的特性，描述错误的是（　　）。
   A. 价值密度高　　　　　　　　　B. 处理速度快
   C. 数据量大　　　　　　　　　　D. 数据类型繁多
14. 第三次信息化浪潮的标志是（　　）。
   A. 互联网的普及　　　　　　　　B. 个人计算机的普及
   C. 虚拟现实技术的普及　　　　　D. 云计算、大数据、物联网技术的普及
15. 就数据的量级而言，1PB 数据是（　　）TB。
   A. 512　　　　　B. 2048　　　　C. 1024　　　　D. 1000

## 二、技能自测

1. 在微信小程序中搜索"讯飞 AI 体验栈"，通过"印刷文字识别"功能将课本中的图 7-1 及知识点拨文字识别出来并编辑；再搜索"文心一格"，使用"AI 创作"完成一幅作品。
2. 下载"百度网盘"，将手机本地的图片及文件上传至云端备份。
3. 下载"小度"App，在"我的"中体验"我的智能家居—智能场景"功能。
4. 使用"问卷星"完成一份关于当代大学生职业规划的调查问卷。

# 学习成果实施报告

| 题 目 | | | | | |
|---|---|---|---|---|---|
| 班 级 | | 姓 名 | | 学 号 | |

<table>
<tr><td colspan="6" align="center">任务实施报告</td></tr>
<tr><td colspan="6">
(1) 请对本项目的实施过程进行总结,反思经验与不足。<br>
(2) 请记述学习过程中遇到的重难点以及解决过程。<br>
(3) 请介绍本项目学习过程中探索出来的创新性方法与技巧。<br>
(4) 请介绍利用新一代信息技术知识参与的社会实践活动,解决的实际问题等。<br>
(5) 请对本项目的任务设计提出意见以及改进建议。<br>
报告字数要求为 800 字左右。
<br><br><br><br><br><br><br><br><br><br>
</td></tr>
<tr><td colspan="6" align="center">考核评价(按 10 分制)</td></tr>
<tr><td colspan="6">教师评语：<br><br><br><br></td></tr>
<tr><td colspan="6" align="center">考 评 规 则</td></tr>
<tr><td colspan="6">
工作量考核标准：<br>
(1) 任务完成及时,准时提交各项作业。<br>
(2) 勇于开展探究性学习,创新解决问题的方法。<br>
(3) 实施报告内容真实,条理清晰,逻辑严谨,表述精准。<br>
(4) 软件操作规范,注意机器保护以及实训室干净整洁。<br>
(5) 积极参与相关的社会实践活动。<br>
奖励：<br>
  本课程特设突出奖励学分：包括课程思政和创新应用突出奖励两部分。每次课程拓展活动记 1 分,计入课程思政突出奖励;每次计算机科技文化节、信息安全科普宣传等科教融汇活动记 1 分,计入创新应用突出奖励。
</td></tr>
</table>

## 自主创新项目

随着信息技术和生成式人工智能以及众多大模型的不断发展,新一代信息技术已经成为推动社会发展的重要力量,从云计算、大数据、区块链、物联网到人工智能,新一代信息技术应用不断拓展,渗透到生活的方方面面。请结合学校实训条件和专业情况对本项目中所学内容,结合以下方向自主设计一个项目进行研究型学习。该项目的具体内容包括项目名称、项目目标、项目分析、知识点、技能训练点、任务实施和考核评价等内容,请记录在下表中。

研讨内容可以围绕以下几点。

(1) 了解校园内人工智能有哪些具体应用,了解本专业如何与人工智能相结合。

(2) 利用人工智能开放平台以及大模型协助学习与工作,提高工作效率。如使用百度大脑 AI 开放平台、腾讯 AI 开放平台、讯飞开放平台以及百度文心一言大模型、阿里通义千问大模型、腾讯混元助手大模型、华为盘古大模型、讯飞星火大模型、京东言犀大模型等。

(3) 淘宝首页有一项"猜你喜欢"栏目。"猜你喜欢"栏目推荐的商品是否都是你喜欢的?该栏目推荐商品的成功率有多高?有哪些因素会影响到该栏目的推荐结果?如何提高该栏目推荐成功的概率?

(4) 使用支付宝"蚂蚁溯源链"应用,了解区块链在商品全生命周期的溯源。

(5) 利用 GitMind、Xmind、BoardMix 等软件的 AI 生成功能设计项目思维导图,梳理思路,进行系统化设计。

| 项目名称 | | 学时 | |
|---|---|---|---|
| 开发人员 | | | |
| 项目目标 | 知识目标: | | |
| | 能力目标: | | |
| | 素质目标: | | |
| 项目分析 | | | |
| 知识图谱 | | | |
| 关键技能训练点 | | | |
| 任务实施 | | | |
| | | | |
| 考核评价 | | | |
| | | | |

# 综合创新项目

| 课程名称 | 信息技术 | | | | | | |
|---|---|---|---|---|---|---|---|
| 项目名称 | “第九届大学生科技文化节”策划方案 | | | | | | |
| 班级 | | 学时 | 6 | 学分 | 0.2 | 技术等级 | 6级 |
| 职业能力 | 人际沟通、分工协作、信息检索、办公软件、多媒体处理等操作技能 | | | | | | |

**项目描述**

学院要举办第九届大学生科技文化节活动，需要成立专门团队，对该活动进行全方位宣传及策划实施。

**项目规划**

团队人员组成：

| 姓　名 | 性别 | 项目中的分工 |
|---|---|---|
| | | |
| | | |
| | | |
| | | |
| | | |

(1) 分小组讨论，组织策划方案。

(2) 撰写项目进度设计说明书，制订计划进度：

| 工作进度 | 主要工作内容 |
|---|---|
| 月　日至　月　日 | |
| 月　日至　月　日 | |
| 月　日至　月　日 | |
| 月　日至　月　日 | |

续表

| 项 目 资 讯 |
|---|
| (1)《计算机应用基础项目化教材》《大学信息技术项目教程》教材。<br>(2) 常用工具软件：Office 2021、WPS 2021、Photoshop、快剪辑、美图秀秀、易企秀、百度脑图、文心一言、通义千问、网络。 |

| 项 目 实 施 |
|---|
| 步骤规划：<br>(1) 任务一　调研社会热点，围绕某一主题制作大学生科技文化节活动通知<br>(2) 任务二　制作参赛报名表<br>(3) 任务三　设计活动清单，利用生成式人工智能设计活动文案<br>(4) 任务四　设计活动平面海报和 H5 宣传页面<br>(5) 任务五　发送活动通知至各班级<br>(6) 任务六　统计参赛者信息，设计活动手册<br>(7) 任务七　组织活动，统计比赛成绩<br>(8) 任务八　用可视化图表方式分析比赛结果<br>(9) 任务九　制作颁奖晚会 PPT 和精彩片段短视频<br>(10) 任务十　对此次活动进行满意度电子问卷调查分析 |

| 项目名称 | "第九届大学生科技文化节"策划方案 |
|---|---|
| 上交资料名称 | 项目设计方案 |
|  | 项目进度表 |
|  | 项目实施报告书 |

| 项 目 考 核 评 价 |
|---|
| (1) 小组成员自我评述完成情况，其他小组共同给出提升方案和效率的建议。<br>(2) 小组准备汇报材料，每组选派一位成员阐述设计方案。<br>(3) 任课教师、辅导员教师和团委老师对方案进行评价。<br>(4) 整理相关资料，成品上交资料备注存档。 |

# 综合项目学习成果实施报告

| 题　目 | | | | | |
|---|---|---|---|---|---|
| 班　级 | | 姓　名 | | 学　号 | |
| 任务实施报告 ||||||

(1) 请对本项目的实施过程进行总结,反思经验与不足。
(2) 请记述学习过程中遇到的重难点以及解决过程。
(3) 请介绍本项目学习过程中探索出来的创新方法与技巧。
(4) 请介绍利用本门课所学知识参与的社会实践活动,解决的实际问题等。
报告字数要求为 3000 字左右。

| 考核评价(按 20 分制) |||
|---|---|---|
| 教师评语: | 态度分数 | |
| | 工作量分数 | |
| 考　评　规　则 |||

工作量考核标准:
(1) 任务完成及时,准时提交各项作业。
(2) 勇于开展探究性学习,创新解决问题的方法;积极参与相关的社会实践活动。
(3) 实施报告内容真实,条理清晰,文本流畅。
(4) 软件操作规范,注意机器保护以及实训室干净整洁。
奖励:
　　本课程特设突出奖励学分:包括课程思政突出奖励和创新应用突出奖励两部分。每次课程拓展活动记 1 分,计入课程思政突出奖励;每次计算机科技文化节、信息安全科普宣传等数字化素养提升活动记 1 分,计入创新应用突出奖励。

# 拓 展 资 料

资料 1　全国计算机等级考试二级 Office 高级应用与设计考试大纲(2023 年版)
资料 2　全国计算机等级考试二级 WPS Office 高级应用与设计考试大纲(2023 年版)
资料 3　高职高专各专业大类实训资源包

全国计算机等级考试二级 Office 高级应用与设计考试大纲(2023 年版)

全国计算机等级考试二级 WPS Office 高级应用与设计考试大纲(2023 年版)

高职高专各专业大类实训资源包

# 参 考 文 献

[1] 莫新平.大学信息技术项目化教程[M].北京:人民邮电出版社,2018.
[2] 蔡自兴.人工智能及其应用[M].5版.北京:清华大学出版社,2016.
[3] 教育部考试中心.全国计算机等级考试二级教程 MS Office 高级应用(2018年版)[M].北京:高等教育出版社,2017.
[4] 黄林国.计算机网络技术项目化教程[M].北京:清华大学出版社,2016.
[5] 吴雁涛.Unity 3D平台:AR与VR开发快速上手[M].北京:清华大学出版社,2017.
[6] 吴吉义.移动互联网研究综述[J].中国科学:信息科学,2015.
[7] 李宁.办公自动化技术[M].北京:中国铁道出版社,2009.
[8] 莫新平.大学信息技术项目教程[M].北京:清华大学出版社,2020.